U1008744

目录

前 言

日本明治维新以英国为师，学习英国的贸易殖民战略，因为英国作为“海上贸易帝国”的一哥，是很有一套手段的。小国寡民的英国对于占领广阔土地没有兴趣，因为派不出那么多人去管理，也未必划算。英国把重点放在贸易特许的条约与口岸，因为那才是获利丰厚的关键，而担保者就是强大的海军。海军靠的是舰队，需要的人力资源比陆军要少很多，更适合英国，所以当时的英国皇家海军拥有全世界最强大的舰队，超过第二名和第三名的总和。由于人力不足，在殖民地基本上采取以夷制夷策略，而且也尽量减少涉入当地传统社会的治理，典型的例子就是在香港的英人遵守英国法令、华人遵守大清律令，互不干涉，衍生到内地就成为领事裁判权。英国人也不像法国人那样热衷于传教，所以能减少许多因为文化冲突而引起的麻烦。

以日本的地理位置与时机条件，模仿英国以海上贸易殖民为主的发展方向是很正确的，但随着日俄战争获胜之后控制了中国东北广阔的土地与资源，见猎心喜却忘了英国老师的教导，重心由海转陆，关东军气焰高涨，陆军控制内阁，最后陷入中日战争的泥淖，为了弥补战争的消耗只好南进争夺资源，与英美荷产生尖锐矛盾，这就是太平洋战争爆发的原因。海军原来可以成为日本发展海上贸易帝国的后盾，却在战略目标不明的太平洋海战中消耗殆尽。

可能有人会说，“炮舰外交”是中国近代史的一大伤口，为何要重提？这是因为当今的中国再度和平崛起，并以“一带一路”倡议扭转格局，我们在走出去之前先看看当年人家是如何走进来的，吸取经验教训，可以将历史的创伤转化成正面的资产，这也是本书希望达成的目的。本书有大量精致的原创水彩插画与隽永的文字，以绘本的形式来呈现“炮舰外交”的主题，这在全球出版界还是第一次。

中国传统上是一个“农业帝国”，虽然在宋、元时代曾经有短暂的商业贸易兴盛时期，但到了明代又被拉回到传统轨道。农业帝国的特点是自给自足，重农轻商，衍生到极致是子承父业、限制迁徙、海禁。现代人往往把“农业帝国”贴上负面的标签，似乎中国近代史上的衰弱全部都可归罪于它，其实这种型态对于中国封建王朝是有利的。因为中国国土广大，对外扩张的动机不强，反而稳定重于一切，社会变动愈小愈好。在这种思考下朝廷自然要限制流通、转业、贸易、移民这些可能造成失控风险的行为。如果明、清两朝全面推行对外开放政策，王朝就未必能维持那么长久。不仅明、清两朝，中华人民共和国成立初期，由于主客观因素也曾经历过一段锁国时期，一方面是外在敌对势力的围堵，一方面也受到传统“农业帝国”的思维影响，这种情况直到改革开放之后才逐渐改变。

西方由16世纪葡萄牙、西班牙的地理大发现时代开始，航海知识与火炮科技飞跃进步，以“炮舰外交”的手段发展出一套殖民与国际贸易的“海上贸易帝国”架构，接着后起之秀的英国、荷兰进一步发扬光大，西面向美洲、东面向印度发展，最终来到遥远东方的中国。当东西方力量碰撞在一起，孰优孰劣，事后诸葛亮的我们现在都已经知道，但在当时却未必看得出来。除了经济上是农业帝国型态，自命为“天朝”的中国还在政治上是“朝贡外交”的思维，这才是问题的关键。因为锁国如果能持续，以当时中国的生产力，自给自足也可以活得很好，但是西方来的海上贸易帝国却千方百计希望打破这个局面。沉醉于“天朝”自我感觉良好的清廷缺少应对的经验与知识，被西方从搬墙角砖开始终致整面崩塌，锁国无法继续，农业帝国的经济也就被外来势力打得体无完肤。

类似的情况我们以日本为例。日本在幕府时代也曾经锁国，而且锁得比中国还厉害，但是日本没有“朝贡外交”的思维，很快就学习西方外交、政治、法律与国际贸易的游戏规则，同时建立强大的海军与商船队，仿效类似西方“海上贸易帝国”的型态。同一时期中国虽然也在开展学习西方“船坚炮利”的洋务运动，但目的却是为了继续维持封闭，可惜时不我予，中国丧失了农业帝国的稳定，也没有掌握到海上贸易帝国的时机，两头落空，造成了近代中国的积弱不振。

CHINESE WARSHIPS MUSEUM 1862

中国军舰博物馆馆长
姚开阳

近现代中国与大航海时代

大航海时代开创了欧洲国家向亚洲开展贸易与殖民的契机，传统的农业帝国与朝贡外交的架构在海洋强权的炮舰威逼之下全面瓦解，这就是近现代中国历史的格局。今天中国再度和平崛起，并以“一带一路”倡议扭转这个格局，我们在走出去之前看看当年人家是如何走进来的，吸取经验教训，可以将历史的创伤转化成正面的资产。

本书有大量精致的原创水彩插画与隽永的文字，以绘本的形式来呈现“炮舰外交”的主题，这在全球出版界还是第一次。

郑和下西洋的舰队共有 62 艘之多，其中最大的船称为“宝船”。宝船到底有多大一直存在争议，因为没有具体的证据，所有的尺寸都是后世推测，再根据这一推测出现了“宝船”有七千吨甚至超过一万吨的说法。七千吨的说法是依据在南京宝船厂遗址发现一根长 11 米的舵柄，以普通“砂船”舵柄的比例推算出的。然而砂船只能在长江内河航行，舵柄较短，要出海只能是“福船”。如果以福船的比例推算只有一千多吨，以船舶史的发展来看这才比较合理，何况早有造船专家提出七千吨的木结构船是不可能出海的。

不过长江中有一种载具倒是有可能，那就是很多节串起来的“木排”，就曾有人提出过这种论点。不过木排与一般人对郑和舰队的想象差太远了，所以这种说法很难成为主流。

早在元代以前大食（今天的阿拉伯）与波斯（今天的伊朗）商人就云集泉州（旧名莿桐），使得泉州港成为当时世界上最大的商港，甚至由大食人蒲姓家族担任市舶司（相当于港务长）来经营，马可·波罗就是由泉州循海路回国的。如果不是元末波斯戍兵之乱引起的种族屠杀与明初朱元璋的禁海令，使得泉州逐渐没落，中国可能比西方更早成为全球海上贸易的霸主。

郑和下西洋的航线，就是从泉州出发，是比较成熟的航线，而不是探险。同时因为郑和是伊斯兰教徒，所以曾到麦加朝圣，容易获得阿拉伯航海家的协助。

郑和七次下西洋，曾经多次以舰队的军力参与各地番邦小国的王位继承之争或协助弥平内乱，扶植亲明朝的政权，从这个角度来看毫无疑问就是“炮舰外交”。但郑和的这些作为是基于中国传统“朝贡外交”的政治目的与永乐皇帝的好大喜功，还有一种可能是追查废帝的余党，总之是没有商业目的也没有经济效益，那就注定难以为继，下一任皇帝上台如果不愿继续买单就人亡政息了。这与之后西方大航海时代兴起的“炮舰外交”完全由商业导向有着根本的不同，尽管他们的手段看起来非常类似。

很奇怪的是郑和下西洋的档案、记录、文物目前几乎荡然无存，以中国历朝史官重视文字记录，这是很不可思议的。有人说后任的宣德皇帝认为是弊政，所以一把火烧了，这更是匪夷所思，中国过去即使朝代更迭史料也很少散失，何况还是同一朝先祖大行皇帝的丰功伟绩。较近世的明朝发生如此大事的史料竟不如更早的周秦汉唐来得清晰齐全，也造成后世一直有人争执宝船的规模，甚至怀疑郑和下西洋到底是否真有其事。郑和下西洋被推崇为中国历史上的重大事件，这么关键性的问题竟能拖延百年不得其解，也实在是让人纳闷。

有趣的是 2002 年由前英国皇家海军潜艇艇长加文·孟席斯（Gavin Menzies）所写的《1421：中国发现世界》（*1421: the year China discovered the world*）一书，以航海学的专业角度检视郑和的传说，根据洋流与星象对导航的偏差分析海图，提出郑和部将的分舰队在 1421 年就已环球航行，并且在航程中发现了美洲、澳大利亚与新西兰。

此书一出引起全球震撼并成为当时的畅销书，有趣的是反对这种说法的全部都是华人学者。他们的理由都是孟席斯不懂中文，透过翻译对文字内容做了错误解读。由于文字的隔阂，孟席斯的确误读许多文档，如果原始事件不成立，那么航海学的推论也就没有依据，最多是技术上有此可能而非事实存在。但这也看出中国学者治史的局限性。中国历史学术界向来都是以文人为主，所有研究都根据档案文字，而航海是一门科学，也是对大自然的亲身体验，用文人来治航海或海军史必然有许多局限不足之处，未来唯有集合各方面的专业知识综合研究才能得到比较具权威的结论。

哥伦布（Christopher Columbus）发现新大陆，可是他一直以为自己到的是印度，后来另一个意大利学者亚美利哥（Amerigo Vespucci）实地调查测量，声称这是一个新大陆，结果后世就以他的名字将新大陆命名为“亚美利加”。哥伦布虽然与新大陆的命名失之交臂，但他真正的影响是开创了西欧国家海外殖民与贸易的世纪，不过也由此带来美洲印第安人的种族大灭绝。

阿拉伯人在历史上有很高的文明成就，无论在数学、冶金、建筑或商业、航海各个领域都居于世界领先地位。郑和的航海得益于阿拉伯人，哥伦布的航海更是深受其影响。早在葡萄牙的亨利王子开启欧洲的“大航海时代”之前，阿拉伯与意大利就有密切的商业来往。据推测哥伦布出航前有可能已得到阿拉伯航海家的海图。

随“大航海时代”而来的是海上贸易与殖民主义，其实这是根源于欧洲游牧民族文化。游牧文明相对于农耕文明是追逐水草资源而非固守农地，所以流动性很高，而且要透过贸易交换才能获得生活所需的物资，所以商业敏感度也比自给自足的农业帝国要高得多。把这种观念用在海上，把马换成船就成了海上贸易帝国。

但这种观念在中国是不具备的，尤其朱元璋是农民起义起家，对于商人贸易非常厌恶，他建立了一个保守封闭的农业帝国，把从宋代以来的重商开放气氛一扫而空，这也就是为什么郑和下西洋搞了那么大的场面到头来一事无成，反又被拉回农业帝国，最后尸骨无存。清代初期为封杀台湾的郑氏政权再度实施海禁，片板不得下水，从此中国与海洋绝缘，到了清末英国人来中国敲门时已经不知如何应对了。

清朝的皇帝与官员永远弄不懂，英国在战场上获得那么大的胜利怎么会只要求香港这个弹丸之地与五口通商的批文？因为他们是农业帝国的思维，不了解获得口岸与贸易特许比割让几万平方千米的土地更有价值，这个价值我们由后来香港的发展才逐渐体认到。

海上贸易帝国与中国的关系比我们想象的更密切，也比我们认为的更早。当哥伦布发现美洲并让西班牙获得墨西哥巨大的银矿资源后，唯利是图的西班牙商船不顾政府禁令将墨银直接运来中国换取丝绸、瓷器等商品，再运回欧洲高价出售，利润可达数倍。结果之一是全世界超过六成的白银流入中国，让明朝成为当时全球最富庶的国家，其次是为了获得远东贸易的基地，西班牙占领了吕宋，将其改名菲律宾。第三是由于白银大量流入东方，让西班牙政府没有足够的资金来压制荷兰的独立运动，从而出现了新兴的竞争者，荷兰人占领了中国台湾，阻断西班牙与日本的贸易通路，并把中国台湾拉入全球贸易的架构。

还有一件非常重要的事，由于在明代晚期引进美洲的马铃薯与玉米等高产量农作物，让中国能够突破粮食的限制，成为世界的人口大国。在中国历代，不管是秦汉或是唐宋，人口最多几千万，当人口增长超过农业产量时就会发生饥荒与战乱，大量人口死亡的结果让全中国人口好几次甚至降到不足一千万，还赶不上现在的一个二级城市。新的粮食物种引进，使明朝能持续维持一亿以上的人口，让明帝国成为当时世界上的超级强国，地位超过今日的美国。

明朝虽然自海上贸易获得利益，但是既未想要自己做庄让中国成为海上贸易帝国，反而更加锁国，而且也未借此精进自己的航海造船技术，从宋元的高峰之后不进反退，到了清末已经完全落后于西方了。哥伦布之后欧洲帆船技术突飞猛进，可以驰骋万里大洋，我们常讲郑成功打败荷兰人，但那充其量是海军陆战队而非舰队大洋决战的战争型态。当时荷兰东印度公司能够迅速地从巴达维亚（今印度尼西亚的雅加达）总部派遣舰队支持台湾并进攻澳门，而华人的船连跨越台湾海峡的黑水沟都不是很容易。东西方海军实力不必等到蒸汽铁甲，在风帆战舰时代就已经大幅拉开差距了。

东西方对于战略目的也存在根本观念的不同。西方海上贸易帝国完全是商业导向，占领或放弃一个地方优先考虑的往往不是军事或政治而是成本划不划算、是否有利可图。譬如西班牙人占领中国台湾基隆社寮岛建立圣萨尔瓦多城的唯一目的就是打通与日本的贸易，后来放弃则是因为发现维持成本太高无利可图，荷兰人来攻只是导火线之一。荷兰人将中国台湾交给郑成功也是因为巴达维亚的总部不愿全力增援，认为不值得，总督揆一无奈只好与郑成功“和谈”，携带个人财物与武器“体面地离开”。后来的中国历史说是荷兰人向郑成功“投降”，那是因为我们无法理解海上贸易帝国的思维，很难把战争与做生意联想在一起。

将西方“海上贸易帝国”发展到极致就是以海盗起家的英国。伊丽莎白一世初期的海上霸主是西班牙，英国只是欧洲的边缘小国，但是伊丽莎白一世利用官方颁发特许状授权海盗劫掠西班牙商船的方式，将海盗、海军、商船三位一体，最后建构成为“日不落帝国”。而且英国人与天主教国家譬如西班牙、葡萄牙、意大利或法国不同，对于传教不是那么热衷，所以减少了许多阻力。与英国血缘相近的荷兰人也是一样，虽然葡萄牙人最早来到日本贸易，但因传教引起禁教造成惨烈的殉教事件，反让后到但不传教的荷兰人捡了个现成。时至今日，我们只知“兰学”对日本最初接触西方的影响，而忽略了更早来到的其实是葡萄牙人。

英国在伊丽莎白一世时代由国王颁给海盗特许状抢劫西班牙商船从而建立起了强大的海上帝国。海盗在今天是国际公敌，但是英国的海军、商船、海盗在历史上却是三位一体的，伊丽莎白一世甚至称海盗为“我的海狗”。图为伊莉莎白一世于 1581 年 4 月 4 日在她所赞助的海盗船“金鹿”号（Golden Hind）上为弗朗西斯·德雷克（Francis Drake）颁授爵士勋位。

鸦片战争让中国首次尝到西方“船坚炮利”的威力，我们常以为英国人是靠蒸汽铁甲舰打赢了这场战争，事实上当时蒸汽轮船还不成熟，在整个英国舰队中只有 4 艘蒸汽船而已，而且还都不是主力战舰。英国舰队的主力还是传统的风帆战舰。但即使是风帆战舰，英国海军仍然比清朝的水师战船先进太多，无论是火炮的数量与精度，或是帆船的质量与航海能力，中国败得一点都不冤枉。

西方风帆战舰的技术在大航海时代之后有了飞跃的进步。在动力方面，西方的横帆虽然比中国的硬式帆需要更多的人力操作，但可以更充分地利用风力进行更精细的运动，这在海战中抢占有利位置非常重要，譬如能让舷侧火炮充分发挥火力或争取撞击敌船腰部的角度，或避免炮手面对炫目的逆光与炮口烟遮蔽的下风位置。在驾驶操船方面，将绞盘与舵柄结合，更少的人力就能扳动极重的舵。在船身方面，西方的帆船船型设计更适合在大洋航行，战舰甚至已经有铜皮包覆船底。

在导航方面，虽然六分仪与中国的牵星板原理类似，但六分仪更加精密，更重要的是配合天文历与天文钟才能准确定位，这方面的知识中国完全缺乏。在罗盘方面，西方也比中国精细，还附加各种工具成为磁罗经。导航还必须依靠精确的海图，西方海图建立在经纬度与根据地球角度制定的海浬基础上，符合尺度比例可用仪器量度，与中国的意象式海图完全不同。海图还必须经过不断测量补充修正，西方的船只航行全球时都被赋予协助观察测绘的任务。唯有做到这些，才能够在大洋上航行万里。

虽然中国从明朝开始就有了火炮，但冶金技术的限制让中国铸造的炮管充满砂眼，打不准也打不远，不得不自西方引进佛朗机炮。西方除了炮管技术比较先进，还研发炮架的制退与复进技术，而且设置多层火炮甲板，一艘船三层甲板上的火炮超过百门，这些都是为了提高发射率。中国水师战船一般只有单层甲板，最多设置十余门小炮，差距悬殊。更别说西方不断改进射击观测瞄准技术与各种弹药的开发，加上建立旗号通信制度让大舰队战术机动成为可能，双方早已不在一个档次上。

除了硬件技术的差异，西方国家的海军近千年来经历多次大型海战的淬炼，经验技术远超过大部分战争发生都是在内河的中国水师。以鸦片战争为例，英国皇家海军以曾在特拉法加海战痛歼法国舰队的经验与实力来攻击广东水师的战船，根本就是压倒性优势。而且从海军机构、舰上分工到全球补给维修基地的设置，都更适合远洋海战的需求。中国在这方面十分落后，甚至在 1910 年前连国家海军的观念都没有，水师被视作“开船的陆军”。以上这些都是鸦片战争之前就已存在的状况。

即便抓住时机，中国在大航海时代也不可能成为“海上贸易帝国”，因为从理性层面来看，中国是一个以汉族为主，融合几十个少数民族的农业国家，几千年来已经形成一套稳定的机制，虽然看起来不像海上贸易帝国那么富有进取心，但可能是最适合、最安全的机制。

西方殖民帝国则不同，无论在美、非、澳等洲，都是将原住民几乎灭绝，腾出土地来给殖民者做大型农场，所谓海上贸易的利益完全由外来的殖民者独享。

不过中国毕竟地形复杂，很难一概而论，像东南沿海由于可耕地稀少，所以人民被迫向海外发展，形成海上贸易与移民的传统。如果单纯就这个地区的角度来看，没有掌握到大航海时代的机遇形成“海上贸易帝国”确实可惜，但从整个中国的角度，沿海的开放可能影响整个封建帝国的稳定，所以要予以制止，这个矛盾就产生了“倭寇”的问题。

东亚与中国情况类似，但成功转化为海上贸易帝国的例子不是没有，那就是日本。其实在幕府时代日本锁国锁得比中国还要严厉，图为长崎半岛的荷兰商馆，与中国广州十三行的情况类似，洋人必须在划定的封闭区域内居住，不得与当地人接触。

中国的农村因为“小农制”而被分割得极为琐碎，不利于大规模的机械化耕种，但相对于西方殖民地大型农场粗放的生产方式，中国的小农制其实单位产量更高，更为环保，而且耕种水稻田的劳动强度很大，让农村能吸纳大量人力，不但使中国得以用相对少的耕地承载更多的人口，还不至于形成盲流影响社会安定。

即使到已经高度城市化的今天，农村仍然是中国立国的基本，譬如都市或沿海工厂所需要的大量劳动力都是来自农村，他们之所以廉价是因为有农村为依靠，把打工当成额外收入，所以是零成本的观念。农民工的存在既为农村纾压与创造收入改善生活，又为沿海工厂解决劳动力的供应问题，可谓是一举两得。

中国社会还有一个特点就是乡绅与宗族的体制，传统中国没有司法独立的观念，在我们的印象中县官就是法官，升堂办案好像权力很大，但县官是不管民事的，凡是欠债、争产、商业纠纷都由乡绅组织或宗亲家族自行审理，势力大的族长甚至能对族人执行死刑。这就形成一套稳定的社会结构。这个观念与海洋法系国家的陪审团制度有异曲同工之妙，也就是以经验与常识为依据，而不是死守成文法条，在封建王朝的时代创造了类似公民社会的弹性空间。当这个体系被当成“土豪劣绅”摧毁时，就再也回不来了。

清末民初许多知识分子看到西方的富强与中国的衰弱，都急切地想要寻找良方解药，但往往病急乱投医，全盘引进西方的各种理论在中国进行实验，结果西方的那一套始终水土不服，却把中国传统的社会基础摧毁了。其实中国的农村体制能存在数千年，一定是经过不断调整，已经完全适应了中国的环境，相较于只有几百年历史的西方海上贸易帝国，更经得起时间考验。

东亚与中国类似，但转型为海上贸易帝国相对成功的例子就是日本。说类似也是相对的，日本的大名封建制度与海岛的地理环境其实更像英国，而且从唐朝开始，日本就仰慕外来文化。幕府害怕的是可能动摇其统治基础的宗教而非新技术，此外最先与西方接触的萨摩藩也起了关键性作用。

我们对明代“倭寇”的印象来自传统的历史教育，当成日本海盗对中国东南沿海的侵扰。但从大航海时代的角度来看，可能得到完全不同的理解。

其实明代“倭寇”的产生完全因海禁而起，原来从事海外贸易的东南沿海人民被剥夺生计后铤而走险，朝廷派兵缉拿，走私者为规避法令自称日本人，“倭寇”之名由此产生。所以“倭寇”并不一定是日本人，更多是闽浙一带的华人还加上部分朝鲜人与西洋人。譬如西方称之为“中国船长”（Capitan China）的李旦，他的副将“中国彼得”（Pedro China）颜思齐，以及通晓六种语言、被称作“尼古拉一官”（Nicholas Iquan）的接班人郑芝龙就是其中势力最大的一支。

“倭寇”的起因完全是经济因素，说他们想侵略土地是不了解海盗的本质。“倭寇”虽然大部分是华人，但朝廷没有因势利导让其成为像荷兰或英国东印度公司那样的海上贸易组织，错失了在大航海时代成为海上贸易帝国的机会。

1597 年 2 月 5 日(庆长二年 12 月 19 日)，26 名天主教徒在日本长崎被丰臣秀吉下令以残酷的方式处死，其中包括 6 名圣方济各神父（4 名西班牙籍、1 名意大利籍、1 名墨西哥籍）。他们的遗骸被天主教会带往世界各地当成圣物尊崇，其中部分藏在澳门大三巴牌坊下。大导演马丁・史柯西斯（Martin Scorsese）执导的电影《沉默》（*Silence*）表现的就是这段历史。

即使如此，1601 年又有大批日本信徒来到澳门大三巴的圣保罗书院进修，他们学成后回到日本传教，大多数在后来德川幕府更为全面且惨烈的宗教迫害中遭到处决。甚至大三巴圣保罗教堂的设计者、意大利耶稣会教士卡洛斯・斯皮诺拉（Carlo Spinola）也在 1622 年死于日本长崎，当时他与其他 22 个殉教者被活活烧死，另有 30 人遭斩首。

当年这些修道士走下大三巴的石阶准备前往日本时，对未来将面对的处境是否心中已经了然？

“澳门”在葡萄牙文称为“Macau”，源自葡萄牙人初登岸时见到一座妈祖庙，询问当地人此为何处，回曰：“妈阁！”因此得名。澳门为中国的边陲带来一抹优美的南欧风采，成为非常有特色的一个城市。澳门也在16世纪东西方文化交汇时成为重要的接触前缘，著名的利玛窦、汤若望、南怀仁、艾儒略等天主教士都是先抵达澳门才进入中国内地。

澳门是欧洲人在远东的第一块殖民地，位于欧洲到日本贸易航线的中间，地位重要。“澳门”成为租界起源于1557年明朝嘉靖年间，时当欧洲大航海时代开始不久，葡萄牙人的船只航行到远东借口货物被风浪溅湿需要晾晒，私下贿赂官员上岸，后来才逐渐发展成为常规缴纳租金，但仍受中国的地方政府管辖。当葡萄牙人来澳门时明朝还是世界第一强国，不存在清末受列强压迫所谓不平等条约的问题，关键在于澳门的重要性唯有从海上贸易帝国的角度才能理解，对农业帝国来说这里不过是一个偏远的小渔村而已，感受完全不同。

1601年至1627年荷兰舰队曾多次围攻澳门皆无功而返，之后才转而攻取台湾。1802年英国舰队同样觊觎澳门也未能得手，之后才因鸦片战争得到香港殖民地为代替而罢休，可见其地位的重要。受到英国获得香港殖民地的鼓舞，葡萄牙人开始拒缴地租并且驱逐中国官员。1887年清廷与葡萄牙签定《中葡和好通商条约》，承认澳门与其他列强租界一样由葡萄牙全权自治，1928年由国民政府再度续约。第二次世界大战期间澳门因葡萄牙为中立国而未遭日本占领，成为难民的聚集地。澳门直到1999年12月20日才回归中国，成为“澳门特别行政区”。与英国人交还香港不同，葡萄牙政府对于交还澳门显得相对乐意主动，毕竟今日的葡萄牙已经沦为欧洲的二流小国，早已不是当年大航海时代的海上霸主，远在东方的澳门只不过是个负担而已。

“澳门”在葡萄牙语里称为“Macau”，源自葡萄牙人初登岸时见到一座妈祖庙，询问当地人此为何处，回答:“妈阁!”因此得名。澳门为中国的边陲带来一抹优美的南欧风采，成为非常有特色的一个城市。澳门也在16世纪东西方文化交会时成为重要的接触前缘，著名的利玛窦、汤若望、南怀仁、艾儒略等天主教士都是先抵达澳门才进入中国内地。中国第一批天主教徒徐光启、李之藻等人就是由他们带领受洗的。除了传教，他们还带进许多西方的科技与器物，也与中国的士大夫有很好的互动。

大航海时代西方人东来不仅是为了贸易的经济目的，还有传教的使命，这其中以天主教国家譬如西班牙、葡萄牙、法国与意大利等最为热衷。东亚传统上以礼教治国，传教涉入文化信仰领域会影响对统治者的忠诚，这远比经济目的更为敏感，宗教迫害的事件就免不了发生。相较于中国对天主教的宽容态度，日本则从丰臣秀吉时代开始严厉禁教，造成大量的殉教事件，其中许多传教士出自澳门大三巴旁的圣保罗神学院，而许多日本信徒受不了幕府的高压也大量逃来澳门，最后客死异乡。所以澳门与日本的联结不仅是贸易的关系，更有悲壮的殉教历史。

明末清初许多欧洲传教士经由澳门进入中国，他们除了传教还带来西方的科学知识，有些人甚至在朝中供职。这些传教士中最著名的当属意大利籍的利玛窦（Matteo Ricci）。利玛窦于 1582 年（万历十年）来到中国，1600 年开始在北京常住，直到 1610 年去世葬在北京。他绘制了中国第一幅世界地图《坤舆万国全图》，并且吸收了中国第一批天主教徒徐光启等人。

荷兰舰队于 1601 年至 1627 年间先后 5 次攻打澳门，其中以 1622 年 6 月 24 日发生的战役最为重要，是澳门有史以来最大的战役。荷兰人多次攻打澳门未果，最后才转往夺取台湾。即使在 1660 年巴达维亚的东印度公司最后派舰队来台湾防范郑成功攻击时，仍想分兵前往攻打澳门，最后因葡萄牙人早就严阵以待而作罢。

“炮舰外交”在中国虽然从 19 世纪中叶鸦片战争后的不平等条约才开始，但早在 16 世纪欧洲的大航海时代兴起不久，西方海上贸易文明与东方农业文明就在远东碰撞，最具代表性的就是中国台湾。

400 年前荷兰人在中国台湾就实行国际贸易而不是自给自足生产的经济型态，这与传统农业帝国的思维是完全不同的。荷兰是以东印度公司的体制在经营台湾，所以完全是以商业利益为导向，重视贸易特许、控制口岸、海运能力更甚于固守土地疆域。因此具有优势的海军力量就成为必要的工具。

图为中国台湾安平的热兰遮城（Fort Zeelandia，即今天的安平古堡）身兼港口与海防堡垒，是最早“炮舰外交”留下的印记。而且荷兰人占领中国台湾 38 年也在台湾留下不少痕迹，如土地丈量单位的“甲”，建筑物上的铁剪刀与街屋的狭长构型，等等。

荷兰人为了寻找东亚贸易据点，在 1622 年围攻澳门不成后来到澎湖，并且在今天的风柜尾建造了一座城堡，1624 年迫于明朝军队的压力才把城堡拆毁，用船将建材运到东番大员（今中国台湾安平）建造了“热兰遮城”（即今天的安平古堡），可见当时中国的朝廷并不重视台湾，所以才会有澎湖不准、台湾不管的政策。

为了突破荷兰人对日本贸易航线的干扰，西班牙人于 1626 年在中国台湾北部基隆的社寮岛（今和平岛）修建“圣萨尔瓦多城”（Fort San Salvador）作为前进基地。但由于西班牙人不像荷兰人在中国台湾南部发展农耕垦殖，所有给养都要靠菲律宾一年两次的船只运来补给，成为西班牙沉重的负担，加上突破贸易障碍的功能不彰，所以当 1642 年荷兰人来攻打时，西班牙很快就放弃了这个无利可图的据点。

西班牙人占领中国台湾北部时除了基隆社寮的“圣萨尔瓦多城”，还于1628年在淡水河口修建了“圣多明各城”（Fort San Domingo）。西班牙人撤走时把城堡夷平了。之后荷兰人于原址重新兴建荷兰式堡垒，命名为“安东尼堡”（Fort Antonio），就是现在的“红毛城”。当年在城台上有一座木制的尖屋顶，现在已无迹可寻。

荷兰士兵在热兰遮城旁的华人居住区巡逻。很多人以为若郑成功没有攻打台湾，今天的中国台湾就会像荷兰阿姆斯特丹一样，但这未必可能。它或许更有机会像印度尼西亚的雅加达，甚至可能还不如，因为雅加达（荷兰时代称巴达维亚）毕竟是荷兰东印度公司总部所在地，而台湾只是分公司而已。

当南京战役失利败退回到厦门后，郑成功开始寻求反清复明的新基地，于是集结了300 艘船，25000 名士兵从厦门经金门，于1661 年 4 月 29 日夜晚自澎湖冒大风浪出发，次日凌晨由鹿耳门水道进入台江内海。鹿耳门在一鲲身之北，中隔北线尾，水浅而且航线曲折，通常船只都不会走这一水道，因此荷兰人也未设防。但担任荷兰通译投奔郑成功的何斌带来了详细的海图，加上利用大潮让郑成功的舰队一举进入台江内海。

揆一本来打算在郑军舰队通过热兰遮城前的航道时才开火，不料郑军却从热兰遮城火炮射程之外的北侧航线航行，并在北线尾登陆，进攻防守较弱的普罗民遮城，切断了热兰遮城与陆地的联系。揆一在北线尾组织登陆也最终失败，普罗民遮城陷入重围，最后在 5 月 7 日由普罗民遮城长官猫难实丁（Jacobus Valentyn）率 270 人出城投降，被郑成功安置于赤崁街，普罗民遮城随后就成为郑成功的指挥部所在地。

早年欧亚贸易的热门商品是青花瓷、丝绸与茶叶，这些商品的获利都非常高，让全世界百分之六十的白银都流向中国。利之所趋，欧洲人也拼命想获得这些物品生产的秘密，所以当时的朝廷是严格控制不让技术外流的，一如今天先进国家的高科技管制。

中国外销欧洲的瓷器早年曾经昂贵到与黄金几乎等值。不过现在如果幸运地从海底捞起青花瓷器，价值可能比黄金还要高。事实上现代打捞船的作业成本非常昂贵，就算捞起一船黄金也不见得够支付打捞船的成本，还不如捞起一船青花瓷。

宋元时期许多船只从事海上丝路贸易瓷的运输，有些因事故沉没，南宋初期一艘船沉没于广东省阳江海域，载有8万件瓷器，如今已是价值连城，20世纪90年代打捞时被命名为“南海一号”，现在广州有一个“南海一号博物馆”，整艘船泡在大水缸里展示，非常特别。

英国人喝下午茶的习惯世界闻名，而当年英国人喝的茶叶大多产自中国（尤其是福建与台湾）。每当新茶上市，各家公司都要用快船抢先运到伦敦以争取最好的价格，所以产生了茶叶船的竞赛，当时最快的船三个月就可以从远东抵达伦敦。由于竞争也连带刺激了造船工业的进步，开发出“飞剪”（Clipper）样式船艏的快船，几乎达到帆船技术的极致。

1869 年下水的“卡蒂 · 萨克”号（Cutty Sark）就是一艘著名的茶叶飞剪船，当年多次来往中国与英国之间，图为“卡蒂 · 萨克”号 1870 年代停泊在上海外滩英国领事馆前的黄浦江上。“卡蒂 · 萨克”号现被封存在伦敦格林威治，成为博物馆展示船，这个名字今天也是著名奢侈品和威士忌酒的品牌。

1930 年代至 1950 年代泛美航空著名的跨越太平洋航线的水上飞机“中国飞剪”号（China Clipper），名字也出于此。

中国台湾茶的产业是由英国商人约翰·托德（John Dodd）开始的，是他从福建安溪引进茶种在台湾种植。19世纪英国的茶叶大部分都是从中国进口，其中许多来自台湾。台北大稻埕的茶行与码头（现在的迪化街与贵德街一带）当年就是因为茶叶贸易而兴起。早年中国台湾北部产自大嵙崁溪上游的茶叶都是用小船顺流而下运抵艋舺（南岛语系的少数民族语“Bangka”就是小舟舢舨的意思，后被日本人改为同音字“万华”）。后来艋舺淤浅便往下游移到大稻埕。当年码头前的戎克船可以直驶福建与广东，或至淡水换乘洋行的轮船送往伦敦。艋舺也因此成为台湾北部的商业中心。后来和漳泉顶下郊发生械斗，同安人不敌被迫迁往下游的大稻埕，刚好遇上茶叶贸易的兴盛，因此大稻埕凌驾艋舺成为新的商业中心，同安人因祸得福繁荣至今。刘铭传担任台湾巡抚要兴建台北城时因不想涉入漳泉纷争，故意选在艋舺与大稻埕中间的三不管地带，就是今天的台北市城中区。而且还特别为艋舺的泉州人开了第五个城门——小南门，专供其进出。

“耆英”号是史载的第一艘访问欧美的中国帆船。它是柚木三桅帆船型式，排水量 800 吨，船长 45 米，宽 10.6 米，高 3.3 米，船上还装备有 20 门火炮。“耆英”号的船名来自两广总督耆英，英文名”Keying”。

其实“耆英”号的船主与船长都是英国人，船上雇用了 30 名中国人及 12 名英国水手，所以是融合了中西航海技术，船上甚至有一名自称中国四品官员的“希生”(Hesing)。

“耆英”号于 1846 年 12 月 6 日从香港出发，次年 3 月绕过好望角，于 4 月 16 日抵达圣赫伦那岛，7 月抵达纽约，11 月访波士顿，1848 年 4 月到达英国伦敦。“耆英”号并不是以贸易海运为主，而是为了满足西方世界对东方的好奇心而建造，在英、美两国都收费开放展示，参观人潮汹涌，获利颇丰，连英国维多利亚女王都曾前来参观。

“耆英”号并未再返回中国，约在 1855 年后在英国拆解。

中国的茶叶当年在西方是非常昂贵的商品，英国政府因此想要借茶叶课税来弥补美洲殖民地的财政支出，因此引发波士顿的“茶党事件”（Boston Tea Party），一群白人为抗议茶叶课征高额税金，化装成印第安人冲上停泊于波士顿港的茶叶船把茶箱抛入海中。这个事件引发了美国的独立运动并进而诞生了美利坚合众国。大航海贸易使得两个遥远的国家命运被联结在一起。

贸易与航海是息息相关的，贸易要求船舶具有快速、安全、大量的运输能力，这就刺激了造船与航海技术的进步。然而在同一时期，中国却在执行海禁，“片板不许入海”，能出洋的船全部销毁，沿海居民内迁五十里，违者处斩。海禁从明初延续到清末断断续续时间长达400多年，中国在这一场全球的大航海竞赛中就此落败。而且中国一向是个自给自足的农业帝国，没有国际贸易互通有无的概念，所以对于造船与航海技术的追求缺乏动机，不用等到蒸汽动力出现，光是在帆船时代就已经与西方有明显差距了。

不过中国台湾由于曾被荷兰统治，所以很早就被纳入国际贸易的体系。在荷兰时代台湾就出口梅花鹿皮到日本，成为武士刀上豪华的装饰材料，台湾的樟脑产量也是世界第一，在还没有化工合成产品之前是无可取代的。到了清末开放通商之后茶叶成为台湾的重要出口产品，当时在苗栗山区种植的茶叶经过大汉溪（当时称“大嵙崁溪”）的小舟顺流而下运到今天的大稻埕，再转容克船或洋船出口，所以大稻埕出现了许多大的茶商，洋行也纷纷在这儿设立据点，当大稻埕淤浅后就逐渐下移到淡水。

此外从荷兰到日本时代，中国台湾都大面积地种植甘蔗，蔗糖成为重要的出口产品，直到1950年代都还是台湾外汇收入最大的来源。其他譬如菠萝也都是为了出口贸易而种植，这与中国传统自给自足的农业生产模式是非常不同的。因为国际贸易的需求，早年台湾的航海事业也比大陆发达，除了各国商船络绎不绝，台湾本身也有许多航运公司与航线，甚至还建立了许多造船厂。根据1945年接收的统计，台湾的船坞容量竟然是当时中国大陆船坞总和的一倍。

虽然中国很早就发明了舵、锚、水密隔舱、罗盘、牵星板等设备，但在大航海时代却缺席了，以致于现在无论船舶或航海的技术、规范、标准、术语、运作等都是由西方定义，中国完全丧失了话语权。譬如早年中国沿海的海图是由西方人测绘的，其结果是西方人擅自为岛屿海湾命名而不是依照中国传统的地名。典型的例子：你在西方人的海图上找不到“澎湖”或“Penghu”，你只能看到“Pescadores”这个葡萄牙文地名，中国的船员只要是用西方的海图航海，就得忘记它原来的中文地名，遵照西方人的名称，否则可能迷航、搁浅或撞船。

1842年8月29日，在鸦片战争中失败的中国接受和谈条件，清廷代表钦差大臣耆英与伊里布登上停泊于南京下关的英国军舰“康华丽”号（HMS Cornwallis，也译作“皋华丽”号），与英国代表钵甸乍（Henry Pottinger，或译为“璞鼎查”）正式签订合约，是为《南京条约》（亦称《江宁条约》），在合约中清廷同意五口通商和割让香港等条件。

我们由事后的历史知道，现场签约的清朝官员打从一开始就没有打算认真执行条约，还天真地以为英国人很容易就可以忽悠过去。大清帝国由这样的一批人在统理其后果可想而知。《南京条约》虽然签订，平等贸易的目的却始终难以达成，十多年下来英国对大清政府丧失了信心，终于爆发又称“英法联军之役”的第二次鸦片战争。

“复仇者”号（HEICS Nemesis）是鸦片战争中英国舰队 4 艘蒸汽轮船之一。它并非英国皇家海军的军舰而是隶属于东印度公司的铁壳明轮船，1839 年 11 月 23 日下水，船长 29.8 米，宽 9.6 米，深 2.6 米，660bm 单位（旧式排水量单位）。装备 2 门 32 磅、5 门 6 磅炮，还有火箭发射器。船上成员包括可搭载的陆战队总共 93 人。

说起 1840 年第一次鸦片战争，很多人第一反应就是因为虎门销烟引起的，但事实果真如此吗？让我们来梳理下这段历史：

虎门销烟是 1839 年 6 月 3 日（道光十九年四月廿二）开始至 6 月 25 日结束，历时 23 天，总共销毁鸦片 19187 箱和 2119 袋，总重量 2376254 斤。

而英国侵华远征军抵达广东珠江口海域是在 1840 年 6 月，距离虎门销烟整整一年！

那么究竟在这一年中发生了什么事情？

1839 年 7 月，英国水兵在九龙尖沙咀村醉酒闹事，打死村民林维喜。由于清朝和西方采用不同的法律体系，所以之前凡是发生涉及洋人的案件，都是由西方领事官员裁决，这次当然也不例外。英国商务总监义律只判了凶手几个月的监禁了事。因此，8 月 15 日林则徐下令禁止与英国的一切贸易。这一事件才是战争的导火线。10 月 1 日，英国内阁以与清朝的贸易受阻及大英子民生命受到威胁为理由，做出“派遣舰队去中国”的决定。

1840 年 1 月 5 日，林则徐根据道光皇帝的旨意，宣布正式封港，并且永远断绝和英国的贸易来往。这就等于是点燃了导火索。

4 月，英国国会以 271 票对 262 票的微弱优势通过对中国采取军事行动的决议。但是没有正式宣战，所以英国一直认为这只是为了通商而采取的军事报复行动，既不是为了鸦片，也谈不上是战争，这才有了英国舰队 1840 年 6 月从印度开赴中国。

英国发动战争真正的原因是为了打开中国市场。英国当时从中国进口主要是茶叶、瓷器、丝绸等商品，尤其 19 世纪初英国家庭茶叶消费要占到家庭收入的 5%。而英国对中国出口的主要是棉花和羊毛，但中国对这两项商品的需求量并不大。因此在 19 世纪，清朝对英国的贸易顺差每年都在两三百万两银子。

更让英国难以接受的是，清朝原来在康熙二十四年（1685 年）将江苏松江、浙江宁波、福建泉州、广东广州作为对外贸易的港口，并分别设立江海关、浙海关、闽海关和粤海关，这也是中国历史上正式建立海关的开始。但到了乾隆二十二年（1757 年）撤销宁波、泉州、松江三地海关，仅允许在广州一地进行对外贸易，即便在广州，西方商人也只能通过由清政府特许对外贸易的十三家商行（也就是著名的十三行）来进行。西方商人吃住都只能在十三行的驿馆里，根本不能和普通中国商人直接贸易。

英国迫切希望能够全面打开中国市场，在乾隆、嘉庆年间多次派出代表与清政府协商，但都没取得实质性进展，所以在结束了与拿破仑的战争之后，英国就开始想以军事手段来打开中国市场。当清朝宣布永久断绝与英国的贸易，无疑给了英国出兵最好的借口。

从战争结束之后签署的《南京条约》来看，也没有一项内容是涉及鸦片贸易的，主要内容就是割让香港，赔款 2100 万两白银，开放广州、福州、厦门、宁波、上海五口通商和税率协商。从结果来看，英国发动这场战争也并不是为了鸦片贸易。

1853 年 7 月 8 日，美国海军准将佩里 (Matthew Calbraith Perry) 率领四艘“黑船”，携带美国总统的国书来到日本。黑船当时驶入的地点是江户湾相州浦贺海面（今东京湾神奈川县南部）。自图右开始分别是旗舰“密西西比”号（USS Mississippi）巡洋舰与“萨斯凯哈那”号（Uss Susquehanna）巡洋舰，以及“萨拉多加”号（USS Saratoga）与“朴利茅斯”号（USS Plymouth）两艘纵帆炮舰。四艘军舰共有 63 门大炮，由于这些船都是黑色涂装，所以被日本人称作“黑船”。佩里的行动最主要是因为日本位于美国与中国的航线之间，但是顽固的幕府既不开放通商，又不准许外国船只补给避风，严重影响美国与中国的航运及贸易，多次施压无果，最后就只能由佩里的黑船舰队敲开大门。

佩里的黑船舰队访日就如同打开了潘多拉的盒子，87 年后这个看到黑船就发抖的小国竟有能力派遣六艘航空母舰组成的强大舰队跨越半个太平洋偷袭珍珠港，大败佩里将军的学弟们。这幅穿越时空的图让佩里的黑船与偷袭珍珠港的舰队在海上相遇。

1854 年佩里再度率舰队访问日本，签订《日美和亲条约》，返航途中与琉球签订《琉美修好条约》，之后来到中国台湾的鸡笼（今基隆）。在佩里的大力鼓吹下，美国曾计划占领台湾以获取基隆的优质煤炭，后因 1861 年爆发了南北战争而中止。英国海军 19 世纪在亚洲的舰队都是使用基隆的煤炭，法国远东舰队司令孤拔在 1884 年甚至为了获得煤炭而曾经短暂占领基隆。

1856 年 10 月 8 日发生的“亚罗船事件”(The Arrow Incident)，起因是一艘在香港注册的船只“亚罗”号因为涉及劫船走私嫌疑被人举报，停泊在广州黄埔时遭到水师上船搜查，英籍船长声称中方士兵扯下英国船旗，双方发生争执，水手被水师带走扣押。

英国领事巴夏礼向两广总督叶名琛提出抗议，叶名琛一方面同意放人并向英国道歉，暗地里却又鼓动民众进攻十三行，纵火烧杀抢劫，各国商馆付之一炬。英国派兵包围广州要捉拿叶名琛问罪，叶名琛的反应是“不战、不和、不守、不死、不降、不走”，最后城破被俘，死于印度。这就是“英法联军之役”（或称“第二次鸦片战争”）的开始。

英国是因为“亚罗船事件”兴兵，法国则是因为同年法籍神父马赖在广西被地方官员处死的“马神甫事件”（又称“西林教案”）而加入。

第二次鸦片战争最关键的战役是“八里桥之役”。1860 年 9 月 21 日僧格林沁率领 6 万清军在北京近郊通州的八里桥对抗约 1 万人的英法联军。法军的新锐大炮发挥强大威力，击毙 3000 名蒙古骑兵，联军以阵亡 5 人、受伤 47 人的代价获得完胜，是役之后北京门户大开，咸丰皇帝只好避难热河行宫。“八里桥”在法国已经成为专有名词，巴黎的军事博物馆内有“八里桥专厅”，“八里桥”也是伯爵的封号。

“亚罗船事件”只是英法联军侵华的导火线，真正的原因是英、法等国认为《南京条约》签订后一无进展，中方官员敷衍推托，贸易目的完全落空，甚至西方人连广州城都进不了，遑论在北京设领事馆。因此在续约时坚持派代表团直接赴北京谈判，恰巧发生“亚罗船事件”，加上法国神父马赖在广西被处死事件，让英、法等国有了出兵的借口。联军不仅在 1857 年底攻破广州俘虏了两广总督叶名琛，还派舰队护送议约代表巴夏礼等人于 1858 年 4 月由大沽登陆，双方爆发大沽口战役，接着联军占领天津，清廷只得派钦差大臣谈判，结果谈判破裂，清廷竟将英方谈判代表巴夏礼使团全部 39 人掳走，并于 1860 年 9 月 6 日对英、法两国宣战。

英、法联军在八里桥全歼僧格林沁的蒙古骑兵，咸丰皇帝逃往热河承德行宫，北京城破，发现使团已经有 13 人遇害，为了报复，英、法两国焚烧圆明园。最后由俄国调停于 10 月签订《北京条约》后撤军。“英法联军之役”在西方通称“第二次鸦片战争”（英：Second Opium War、法：Seconde guerre de l'opium）。

从第一、第二次鸦片战争中我们发现许多共同点，那就是地方官员鼓动民众排外，扣押洋人甚至外交使团为人质，而且谎报战功欺上瞒下，最后兵败如山倒，让洋人兵临北京城下，皇帝这才发现大事不妙仓皇出逃。同样的错误清廷在 1900 年的八国联军庚子事变中又犯了一次。

不过第二次鸦片战争比第一次更让清廷的有识之士感受到西方列强“船坚炮利”的威力，因此展开“洋务运动”，算是有一点正面的效应。

“牡丹社事件”是 1871 年 10 月琉球王国朝贡中国的船“山源”号遭遇台风，漂流至南台湾海域，69 名船上人员有 3 人溺毙、54 名被牡丹社少数民族杀害，仅有 12 人生还的事件。日本向清廷交涉未果，于是由陆军中将西乡从道率领军舰 3 艘、运输船 5 艘（见前页跨页图），兵员 3600 人于 1874 年 5 月 8 日登陆中国台湾南部的社寮，攻打少数民族部落。这是日本自从明治维新以来首次向外出兵，中国方面称之为“牡丹社事件”，日本方面则称为征台之役。“牡丹社事件”与台湾少数民族的战役规模不大，日军只战死了 11 人，却病死了 500 多人，最后双方于 1874 年 10 月 31 日在北京签订和约。“牡丹社事件”发生后，颟顸怕事的清廷官员竟以当地人为化外之民，非其管辖范围为由推托，给日本找到侵略中国台湾的理由。事实上早在德川家康时代琉球王国就已经被岛津家族派兵攻陷，成为萨摩藩的藩属国，但幕府为了与中国维持关系始终秘而不宣，在中国派使臣来册封时，日本人就会暂时搬出首里王宫躲藏起来，等中国使臣离开再控制琉球王，可说在整个大清时代中国皇帝都被蒙在鼓里达 200 多年。其实在“牡丹社事件”时清廷官员已经知道琉球的状况，因为琉球王有派密使来报，但当时的大清已自顾不暇，无能力也无意愿为藩属国做出任何动作，到了 1879 年日本全国废藩设县，连萨摩藩都变成鹿儿岛县，琉球王国自然不可能继续存在而变成冲绳县，琉球王国从此就从历史的舞台上消失了。

牡丹社事件

1867 年美国籍轮船“罗发”号（SS Rover）在台湾南部遇台风沉没，船主及水手 40 余人乘小船在屏东琅峤龟仔角鼻山上岸，除一名华籍水手外其余全被当地少数民族杀害，英国驻安平领事于是派“鸬鹚”号（HMS Cormorant）炮舰到当地登陆搜救并发炮攻击。4 年之后又发生类似情况造成 54 名琉球人被杀，日本派兵造成“牡丹社事件”。这些案例在当年屡见不鲜，可见当时在台湾吏治之不彰，几乎是无政府状态。

“牡丹社事件”中日本海军派出“日进”“孟春”“云扬”号等军舰（后来追加“凤翔”“东”“龙骧”号），与运兵船“大阪丸”“高砂丸”“三国丸”“明光丸”等，整体实力相当薄弱。但日军此次侵台原来的确是有殖民打算的，除了从日本派出两个大队的步兵、一个大队的“镇台兵”外，萨摩藩与九州岛等地士族还另外组成了“殖民军”。

“牡丹社事件”与台湾少数民族的战役规模不大，日军只战死了 11 名，却病死了 500 多名。最重要的是日本发现以他们弱小的舰队实力想要从清廷手中夺取中国台湾是不现实的，所以见好就收，回去努力发展海军，终于在 30 年间连续击败清朝及沙俄，让日本成为世界三大海军强国之一，这一切都是从 1874 年的“牡丹社事件”开始的。

当年在台湾海域航行是很不安全的，除了台风以及海盗抢劫，如果不慎触礁，沿岸民众或少数民族都会赶来抢夺物品，甚至杀害船员，所以列强在远东派驻舰艇很大一部分的任务是保护商船与剿匪。因为航路的不安全引起的生命财产损失与运输成本及保险费高涨，这是以海运为生命线的西方国家所不能忍受的，所以西方国家出动军舰来保护，这就是“炮舰外交”出现在中国的原因之一。

到“牡丹社事件”发生时清朝统治台湾已经接近 200 年，但对于台湾东部却是一片模糊，地图在中央山脉以东竟然是一片空白。发生“牡丹社事件”时地方官员无能力处理，还需要借助美国驻厦门领事李仙德与在台湾的西方传教士及商人出面与少数民族酋长交涉。可以说清廷在台湾毫无建树，官员多尸位素餐，连台湾有多大都搞不清楚，还说台湾是“鸟不语、花不香、男无情、女无义”的地方。台湾一直到 1885 年才因清法战争的原因而建省，刘铭传成为首任巡抚。

1884 年（光绪十年），中法两国因越南问题的冲突，8 月 23 日爆发“马江之役”（又称“闽江口之役”，或以年代称之为“甲申之役”），当天法舰 13 艘由提督孤拔中将率领发动攻击，毁船政局并一举击沉福建舰队“扬武”“济安”“飞云”“福星”“福胜”“建胜”“振威”号等 7 艘战舰，参将高腾云以下官兵 760 人战死。

由于闽江水浅，孤拔放弃自己的旗舰换乘三等巡洋舰“窝尔达”号（Volta，图中白色涂装那艘）参战，并利用闽江退潮所有船只都转为逆流朝上，法舰以舰艏对清舰舰艉的有利时机抢先发炮攻击，清舰猝不及防，来不及拔锚就纷纷被击沉。

福州船政是法国人协助沈葆桢建立的，所以对马尾船厂与船政水师的能力了若指掌。

1884 年清法战争期间，为了获得煤矿的补给，法军舰队曾多次进攻基隆，但都未得逞。9 月 30 日法舰队统帅孤拔挟马尾海战全胜的余威亲率 8 艘军舰进攻基隆，同时分出 3 艘军舰进攻淡水。经过多日鏖战于 10 月 8 日占领基隆。是役法军阵亡多人，后来全部葬于基隆的法军公墓，该墓园至今尚存。

1894 年 10 月 2 日孤拔在进攻基隆的同时派遣副手利士比准将（Sébastien-Nicolas-Joachim Lespès）率 7 艘军舰，陆战队 600 人攻打沪尾（今淡水），10 月 8 日登陆。因守将孙开华的防守策略得当与将士用命，让法军无功而返，这在清代抵抗西方列强侵略中是少有的胜利。是役被俘的法军都被孙开华斩首，包括第一连连长方丹上尉。

中法战争马江之役次年的 1885 年 2 月，南洋舰队 5 艘船舰赴台湾支持布防，大雾中在浙江海域突然遭遇 9 艘法舰，“澄庆”与“驭远”两舰因速度慢而逃入石浦湾内躲避。因当地村民惧怕法军炮轰村庄而鼓噪，两舰管带竟然将船凿沉，然后上报谎称被法军鱼雷艇击沉，这就是“石浦之役”。

“清法战争”发生在 1883 年 12 月至 1885 年 4 月间，起因为法国挑战大清帝国对越南的宗主国地位，希望将越南纳入成为远东的殖民地。战事先发生在越南境内并进犯云南边界。此外法国东方舰队由孤拔中将率领在 1884 年 8 月 23 日全歼福建船政水师，次年又大败南洋水师，并一度占领中国台湾的基隆与澎湖。但法军在越南谅山与台湾沪尾（今淡水）两战都失利，整体战事虽然法军占上风但并未赢得彻底，加上疾病流行，师老兵疲而无功，法国见好即收，双方签定《清法新约》，中国将对越南的宗主权地位转让法国，恢复贸易，法国最终还是达成将越南变成其远东殖民地的目的。

法国海军远东舰队司令孤拔中将于 1885 年 6 月 11 日在停泊于澎湖湾的“巴亚德”号（Bayard）旗舰上病逝，适逢《清法新约》签订次日，所以当时说他是被中国的炮火击毙的。此说法并不确实，当时法舰占领澎湖三个多月期间并无战事，反而岛上瘟疫流行，法军病死达 997 人，最后连孤拔自己也死于热病。孤拔的遗体被“巴亚德”号运回法国安葬，在抵达时受到英雄式的迎接，据说孤拔有一撮头发埋在澎湖。

由 1875 年的“牡丹社事件”到 1885 年的“清法战争”可以发现，当敌人由海上来时台湾就成了国防的第一线，因此台湾建省就成为必要。刘铭传在清法战争时来台湾就任第一任台湾巡抚，他根据法军攻台的经验加强台湾防务，改建各地炮台，并引进铁路、电报、轮船等新科技与建设，比大陆更早开始现代化，可惜只有 10 年的时间，中国台湾终于沦入日本之手，由此开启了 50 年的日本殖民统治时期。

在西方列强在中国大肆开展“炮舰外交”的同时，大清帝国也忙着在其他地方进行炮舰外交。

北洋舰队曾在1886年造访日本长崎，背后是为了朝鲜问题向日本炫耀武力。当时日本海军实力远不如中国，“定远”与“镇远”号两艘铁甲舰的重甲巨炮给日本引起很大的震撼，这种展现肌肉的动作正是“炮舰外交”的典型。

只不过中国当时在“船坚炮利”思维的主导下只有装备硬件的优势，其他各方面都仍停留在中世纪，甚至到了1894年开战前连硬件装备的优势都不存在了。

甲午战败后，北洋舰队造访日本长崎的辉煌已成记忆。1895年满身弹孔的“镇远”号被当成战利舰拖入长崎整修，成为日本海军第一艘铁甲舰。

1894 年 9 月 17 日，中日双方爆发了黄海大海战（或称“大东沟海战”，西方称之为“鸭绿江口海战”，Naval Battle of Yalu River）。本图显示北洋舰队以横队往前，不久两旁慢速舰艇逐渐跟不上而成为雁行队形。前方日本第一游击队正在以纵队通过，凭借其速度优势将迂回北洋舰队。

在这一场大规模的蒸汽铁甲舰海战中北洋舰队损失 5 艘军舰，日本舰队则无一舰沉没。之后北洋舰队困守威海卫至战争结束全部投降。

这场大战的起因与中国内政无关而是朝鲜问题，也就是中日双方在朝鲜“炮舰外交”的角力，最后大清帝国输了这场战争，把对朝鲜宗主国的地位让给日本。

1894 年 9 月 17 日爆发的中日黄海大海战是人类第一次蒸汽铁甲舰的大会战，在海军史上意义重大。而这场战争也让日本登上列强在中国“炮舰外交”的舞台。图为北洋舰队的“致远”号巡洋舰沉没，管带邓世昌以身殉舰，实践了北洋水师军官“苟丧舰，必自裁”的誓言。

1895 年 2 月 4 日大雪纷飞的夜晚，北洋舰队旗舰“定远”号被突入港内的日军“第九号”鱼雷艇偷袭击中左舷，经紧急抢滩才免于沉没，五天后“定远”号又被日军占领的炮台发炮重创，次日清军将“定远”号爆破，管带刘步蟾自杀。“定远”号残骸战后被日本公司打捞，部分遗物流落日本九州岛。

1895 年《马关条约》签订，清廷将台湾割让日本，李经方奉父亲李鸿章命搭乘招商局“海晏”轮（为避免因战争被扣押改挂德国旗并改名“公义”号）来台交割。李经方畏惧台湾士绅唾骂不敢上岸，在日本轮船“横滨”丸上与桦山资纪签字后匆匆逃回大陆。

“甲午战争”之败，许多人都把罪过怪在慈禧太后挪用海军经费修建颐和园以致没有钱购买快炮上面，这是把问题过于简单化的偷懒之举。甲午之败是整个系统之败，绝对不是单一因素，即使当初买了快炮，清军还是一样会败，其中一个原因是日本是以举国之力来与李鸿章一个人作战。李鸿章是直隶总督，北洋水师是直隶辖下的地方水师而不是国家海军，在战争过程中其他省份督抚都袖手旁观。朝廷也没有整体战略思维，光绪皇帝先是积极主战，李鸿章知道武备空虚而劝阻，却被皇帝责骂为懦弱，等到日军要兵临城下又改口只要保住京师，什么丧权辱国的条件都答应，慈禧早就看出光绪不堪大任。这样的国家机器能打赢甲午战争那是不可能的，无论有没有快炮。

甲午战争让中国丧失了最后一个藩属国。虽然中国对朝鲜宗主国的地位有其历史渊源，早年朝鲜对中国也是真心的尊敬，但 19 世纪末西方思潮进入朝鲜，年轻人不再对中国抱有情感转而追求现代化与民族自决，譬如“开化党”的金玉均等人。在他们眼中日本与中国都是帝国主义，本质并无差别，甚至他们还宁愿亲近日本以促使朝鲜的现代化，这就给日本介入朝鲜半岛创造了机会。

中国为了朝鲜的宗主权与日本打了一场战争，大败之后让日本获得了朝鲜与台湾两个殖民地，正式踏入殖民帝国主义之列，并效法西方列强在中国进行“炮舰外交”政策。日本在刚成为殖民帝国俱乐部一员时完全是以英国为师，学习如何经营殖民地并从当中获利。日本是个很好的学生，加上地理特性与英国类似，学得可说惟妙惟肖。但仅限于战术层面，战略思维在日本则向来低劣，以致于后来逐渐偏离海洋国家的优势，反而陷入大陆国家的迷思，最后在第二次世界大战中一败涂地。

1895年甲午战争，清廷战败签下了《马关条约》，将台湾、澎湖永久割让给日本。台湾士绅组织抗日联军，考虑到清廷签订的是国际条约，不想让朝廷为难，所以自行组建“台湾民主国”，国号“永清”，并言明事毕后即回归祖国，首任总统为原台湾巡抚唐景崧，但唐景崧无心抗日，从淡水弃职潜逃回大陆，抗日联军顿时瓦解。5月29日，日军舰队在台湾北部澳底登陆，一路进入台北城几乎没有遭到抵抗。

真正的抵抗从桃竹苗开始，愈往南愈激烈，到10月11日日军在南台湾的枋寮登陆，南北夹击，于22日控制全台湾。战事约持续了5个月，是役日军仅阵亡164人，瘴疠病死的却有4700人，包括北白川宫能久亲王。台籍义军则阵亡达1.4万人，史称“乙未征台”战役。

从此台湾继荷兰时代之后再次被拉入海上贸易帝国的架构之下达半个世纪。

1895年刚就任“台湾民主国大总统”的唐景崧抛弃抗日联军，在淡水搭乘德商“亚瑟”号（SS Arthur）轮船逃往大陆。这艘所谓德商“亚瑟”轮实际上就是刘铭传台湾商务局的“驾时”轮（SS Cass），为避免因战争被扣押而暂时更改船籍。

Capitan YAO

乙未征台之战中最讽刺的一幕是，刚被俘虏的清北洋舰队“济远”号巡洋舰被派来台湾，并在布袋外海向岸上炮轰支援陆军作战。“济远”号最后在日俄战争时触雷沉没。

1900 年的庚子事变在西方被称为“拳匪之乱”(The Boxer Rebellion)，事件中华北的天主教徒与基督教徒被义和团与清军大量屠杀，教堂几乎全部被毁。华籍教徒被害超过 2.5 万人，西方传教士包括 5 个主教、240 多个神父与修女及传教士的家属被杀。

1900 年 8 月 14 日，八国联军在北京城外展开攻击。联军攻击北京城是为了解救已经被义和团与清军围困了 55 天的东交民巷各国领使馆官员。

1904 年由于俄国太平洋舰队被日军围困在旅顺港，沙皇由波罗的海舰队抽调舰只组成第二太平洋舰队，在司令罗杰斯特文斯基中将的率领下于 10 月 15 日由圣彼得堡出发。图为第二太平洋舰队正通过南非开普敦桌山前的海域，即将绕过非洲最南端的好望角前往远东，解救被日军围困的第一太平洋舰队。

当时通往远东的船只已经很少绕过好望角，而都是经苏伊士运河以缩短航程，但因英国与日本同盟的关系，使俄国舰队无法通过苏伊士运河，只好绕过非洲南端万里奔袭，日本海军以逸待劳在对马海峡全歼了这支悲剧性的舰队。

我们由此看出俄国在地理上的劣势，国土面积虽大，但各出海口都距离遥远，不但在各海域都要成立常备舰队，而且彼此难以调度支持，因为中间的航线都被英国海军控制。因此沙皇虽然对于建立庞大舰队不遗余力，却很难成为海上强权与海上贸易帝国。

1905年5月27日，远从波罗的海绕过大半个地球赶来远东支援的俄国第二及第三太平洋舰队在对马海峡遇上由东乡平八郎率领的日本联合舰队，双方爆发激烈海战，这是继1894年中日大东沟海战之后再一次的蒸汽铁甲舰大会战，由于海军装备在这十年间突飞猛进，这是一次难得的实证机会，全世界都密切关注这场战役的发展。

日本联合舰队司令东乡平八郎大将在开战时效法英国纳尔逊，在他的旗舰“三笠”号战列舰主桅上悬挂起“Z”字信号旗，并发出著名的“皇国兴废在此一战，各员奋励努力”的勉励信号。其实东乡平八郎在对马海峡海战的表现与成就丝毫不逊于纳尔逊的特拉法加海战，此役不但奠定日本成为世界海军三强之一的地位，还让东乡成为日本海军的“战神”，终身享受崇隆待遇。“三笠”舰也在经历弹药库爆炸沉没、关东大地震沉没、裁军会议强迫报废与第二次世界大战后的荒废等诸多磨难，最后成为纪念舰保存至今。

1905 年 5 月 27 日，日俄舰队在对马海峡发生海战，日本海军大获全胜，次日下午三点半日本驱逐舰“涟”号截住逃逸的俄国驱逐舰“毕尔多夫”号，在上面发现受重伤的俄国第二太平洋舰队司令罗杰斯特文斯基中将并将其俘虏。

1895年甲午战争结束后，德、俄、法三国干涉还辽，中国从日本人手中赎回辽东半岛，接着转租给俄国。用战争的鲜血得来的战利品由于列强的压力硬生生又吐了回去，而且还让北极熊的魔爪伸到了家门口，这让日本人忿忿不平。虽然俄国人很高兴在远东又获得一个不冻港，但是十年后他们将为此付出昂贵的代价。

1904年日俄战争爆发，日军除了在陆地战斗获得胜利，还歼灭了旅顺港内的俄国太平洋舰队。沙皇远从波罗的海抽调大批军舰组成第二及第三太平洋舰队绕到非洲南端前来远东支援，在对马海峡与日本舰队发生决战，结果俄国海军38艘军舰中有21艘被击沉，7艘被缴获，6艘被解除武装，4545名官兵战死，6106人被俘。日本海军获得完胜，只损失了3艘鱼雷艇和116人。

从1895到1905的十年间，日本连续击败大清帝国与俄罗斯帝国，尤其日俄战争的胜利意义更是重大，因为这是第一次东方黄种人小国击败西方白种人大国，日本从此跻身世界列强之林。在日俄战争中，日本海军也表现非常优异，东乡平八郎的功绩可比纳尔逊的英法特拉法加海战。但当日本取代俄罗斯成为中国东北的老大时，却迷惑于东三省广袤的土地与资源，抛弃了原来以海洋殖民为主的发展方向，投身于大陆的角逐，陆军取得主导权，海军的角色再无从发挥，终于在第二次世界大战中一败涂地。

日俄战争虽然是天皇与沙皇的战争，但战场却全部在中国的土地上，中国为何不能像第一次世界大战那样以中立国身份解除双方武装？其实从法律上来说当时这些地区中国都已经不具有管辖权，譬如辽东半岛是三国干涉还辽后租给俄国的，这些都有国际条约为依据。

1908 年 10 月 30 日，美国海军环球访问的“大白舰队”（Great White Fleet）8 艘战列舰及其他舰艇来到厦门，萨镇冰率“海圻”“海容”“海筹”“海琛”号 4 艘巡洋舰，驱逐舰“飞鹰”号，训练舰“通济”号，炮舰“福安”“元凯”号及海关巡洋舰“并征”号、海关海底电缆铺设船“飞捷”号出港迎接大白舰队进港锚泊，大清海军可谓精锐尽出。

这是美国总统老罗斯福对全球所进行的一次“炮舰外交”行动。欧洲各传统海军强国看到“大白舰队”壮盛的军容都为之震惊，因为之前在欧洲列强眼中美国不过是远在天边的一个二流国家，这趟环球航行向世界展示美国已经从一个农业国家蜕变为世界第一工业强国。

美国曾提倡“门罗主义”，与欧洲列强划分地盘互不干涉，但这显然不包括亚洲，美国在 1900 年美西战争获得菲律宾殖民地后，开始显露对中国的高度兴趣，成为英国最可怕的竞争者。

中国接待美国大白舰队时还曾举行烟花秀。美舰与清舰也都做全舰灯饰及放射探照灯，这是早年海军舰队互访必备的节目。接待会场搭建的牌楼上装有霓虹灯，整体颇有主题乐园的气氛。大白舰队所停泊的水域就在厦门与大担岛之间，1949 年后这里变成国共对峙的前线，很少人知道当年的盛况。

1907 年美国总统老罗斯福为宣扬美国国威，将大西洋及太平洋两洋舰队十余艘战舰及装甲巡洋舰组成“大白舰队”环游全球，在中国则选择停泊厦门，清廷筹办欢迎活动，成为当时海军的一大盛事。1907 年 12 月 16 日，大白舰队从美国弗吉尼亚州的普顿海军基地起航。舰队沿大西洋南下先后访问巴西、阿根廷，然后穿越麦哲伦海峡北上经过智利、秘鲁、墨西哥，抵达美国西岸的旧金山，休整两月后再出发途经夏威夷檀香山，接着访问新西兰、澳大利亚、菲律宾以及日本横滨，之后才来到中国的厦门。

所谓“大白舰队”是因为所有舰的船身都漆成亮丽的白色，当时共由 16 艘军舰组成，但并不是每一艘都来到中国，来华访问的只有 8 艘，它们是战列舰第三分队的“路易斯安那”号（USS Louisiana，舷号 BB-19），“俄亥俄”号（USS Ohio，舷号 BB-12），“密苏里”号（USS Missouri，舷号 BB-11），“弗吉尼亚”号（USS Virginia，舷号 BB-13）；第四分队的“威斯康星”号（USS Wisconsin，舷号 BB-9），“伊斯诺伊斯”号（USS Illinois，舷号 BB-7），“肯塔基”号（USS Kentucky，舷号 BB-6），“奇尔沙治”号（USS Kearsarge，舷号 BB-5）。之外还有运输补给舰只 6 艘，以及医护船、补给船、工作船等，官兵共约 6000 人。战列舰第一及第二分队的 8 艘战列舰则留在菲律宾苏比克湾。

1908 年 10 月 23 日，闽浙总督松寿抵达厦门。10 月 26 日清廷派“劳问大臣”贝勒毓朗、外务部侍郎梁敦彦，在南北洋海军统领萨镇冰的陪同下搭乘“海圻”号巡洋舰抵达厦门。10 月 30 日上午 8 点访华大白舰队抵达厦门港外。9 点整，中国海军提督萨镇冰率“海圻”“海容”“海筹”“海琛”号 4 艘巡洋舰，驱逐舰“飞鹰”号，训练舰“通济”号，炮舰“福安”“元凯”号及海关巡洋舰“并征”号、海关海底电缆铺设船“飞捷”号出港迎接大白舰队进港锚泊，“飞捷”号和“并征”号还作为展示舰开放参观。停留期间适逢慈禧太后生日，各舰饰挂满旗，放礼炮表示祝贺。不料半个月后大白舰队才刚刚离华，慈禧太后就与光绪皇帝先后驾崩。

大白舰队离开中国后于 11 月 7 日抵达菲律宾苏比克湾，与第一及第二分队会合整训，然后全队经过锡兰（今斯里兰卡）穿越红海，通过苏伊士运河进入地中海，访问了土耳其、希腊、意大利、法国等国港口，再通过直布罗陀海峡进入大西洋返回美国。

中国在接待大白舰队的过程中也显现出一个融入国际社会成熟国家的风范，可惜时不我予，大清帝国已经是回光返照了。

1899 年意大利政府向清廷要求租借浙江三门湾作为殖民地，派遣装甲巡洋舰“马可 · 波罗”号（Marco Polo）率领防护巡洋舰“埃托拉莫斯卡”号（Ettore Fieramosca）、“维苏威”号（Vesuvio）、“斯特隆波里”号（Stromboli）等来到浙江外海叫阵。此时的清廷对“炮舰外交”已深得个中三昧，又发现意大利其实军力贫弱，下定决心不退让，并派出“海天”“海圻”“海筹”“海容”“海琛”号 5 艘新锐巡洋舰到现场对峙。

意大利自知实力不如人，改口仅需要租借一处加煤基地，慈禧太后连这一点也不允许，意大利只好灰头土脸地撤退，连带想要跟进效法的荷兰、比利时等国也不敢再提出，成为清末“反制炮舰外交”的特例。

1911 年 6 月 24 日，“海圻” 舰在英国参加乔治五世的加冕典礼观舰式，英国国王与王后搭乘皇家游艇从来自世界各国的军舰列队中穿梭检阅，中国的领队程璧光少将也在皇家游艇上。观舰式之后 “海圻” 舰又跨越大西洋访问美国纽约，海军派舰参加国际外交活动是展现存在感的重要手段。

“海圻”舰在访问纽约之后，由于中美洲发生排华事件，应当地中国领事馆之请，“海圻”舰开赴古巴与墨西哥宣慰侨胞。“海圻”舰的到访令当地排华事件迅速落幕，墨西哥政府还道歉并作出赔偿，“海圻”舰难得地扮演了一次“炮舰外交”的角色。

1911 年 8 月,“海圻”舰在英国参加完乔治五世的加冕典礼观舰式后又转往美国纽约访问，这是中国军舰第一次造访美国，在往后的几十年都未曾再现。

当时“海圻”舰官兵组成的仪仗队在纽约市街道游行，并前往格兰特总统的墓前献花致敬。“海圻”舰官兵出访前在上海订做了全套英国式的军服，并且把辫子都剪了，以完全与国际接轨的形象出现在西方人眼前，提升了当地华侨的地位，从广义来说也算是“炮舰外交”的一环。

军舰互访展现文明形象是海军重要的职能，早年海军军官都要兼负外交的使命，远在万里之外还要代表国家独立判断，素质与视野远超陆军军官。

1908 年澳门的葡萄牙人越界浚海填陆，清政府认为其违反租约而进行交涉，谈判同时派出“海筹”“海容”号两艘巡洋舰驻泊澳门边界威慑，葡澳当局终于退让。这是近代史上中国施行“炮舰外交”的案例。

清朝虽然在甲午战败后国力空虚，仍然勉力重建水师，从而在意大利强租三门湾事件中反制成功。其实更重要的是朝廷与官员对国际形势的正确认知，当甲午战前北洋舰队势如中天时，反而很少能在涉外事务上以军力为依托坚持立场，因为官员看到洋人就害怕，不知道西方国家也分三六九等，有些实在不怎样，没必要退让。

不过随之而来 1900 年的义和团之乱（又称“庚子事变”），清帝国几乎亡国，海军借“东南自保运动”避处南方保存一线生机，之后再度重建，但时间已经不站在清廷这一方。1911 年辛亥革命，清帝国结束，新成立的民国内战频仍，海军建设完全停顿，更没有条件反制炮舰外交，但即使如此，仍能利用第一次世界大战加入协约国的机会成为海参崴多国干预占领军的一员，成为中国对其他国家实施“炮舰外交”的经典案例。

过去中国常自称是“王道思想”，不以炮舰外交来威吓其他国家，这其实是国力不济时的“阿 Q”说法。中国不是不想要炮舰外交，只要军力尚可，时机恰当，中国一样进行炮舰外交。国与国是永远处于竞合关系之中。如果国家有实力却不执行炮舰外交，那是领导人的失职。

要遂行炮舰外交，海军实力是关键。陆军无法进驻他国领土，空军飞机上天几个钟头就得落地，唯有海军借着“公海”之便，游弋五大洋，在对方领海线外可以长时间蹲驻，让对方每天如坐针毡。不知道炮弹什么时候会落在自己头上，只要不正式宣战就对之无可奈何，因为它是在公海上，这就是海权国家“炮舰外交”的奥妙之处。

其实“公海”就是海上强权国家为自己的方便而订立的。所谓三海里的领海，那是因为以前的火炮射程不超过三海里，为了防止被突袭，所以规定从海岸线起延伸三海里为领海，外国船舰非经允许不得进入。后来火炮射程增加才又改为十二海里。但在导弹与航空时代，无论三海里或是十二海里都意义不大，这就是美国不惜巨资建立航空母舰战斗群的原因。不仅如此，海权国家还要常常宣示公海的自由航行权利，譬如美国海军在冷战时代每年都要通过博斯普鲁斯海峡进入黑海巡航，目的是向苏联宣示这儿是公海不是你家的内湖。面对美国的上门踢馆，苏联虽恨得牙痒痒也无可奈何，这就是公海对海上强权的方便之处。

1917 年中国为了是否要参加第一次世界大战爆发了府院之争，总统黎元洪反对参战而总理段祺瑞赞成参战，黎元洪引张勋到北京调停却因此发生复辟的闹剧，黎元洪因此下台由冯国璋继任。一场远在天边的战争竟引起中国政局的巨大风波。

中国虽然参战但实际上没有派兵。由于欧洲各参战国的男性大多被征兵上战场，后方劳动力缺乏，于是协调中国派遣 20 万名华工赴欧洲，补充协约国的后勤人力。这些华工许多战后留下来成为今天在欧洲的华侨。

由于欧洲各国忙于战争，让日本与中国趁机大发战争财，第一次世界大战创造了战后 1920 年代的荣景。图为协约国庆祝战争胜利，战胜国驻华部队在紫禁城太和殿前广场举行盛大的阅兵典礼。

中国政府于 1917 年 8 月 14 日宣布对德、奥两国立于战争地位，也就是中国加入协约国阵营对同盟国宣战。其实早在欧战于 1914 年 7 月 28 日爆发，中国就以中立国地位对各参战国实施解除武装的行动。不过各国运用多种方式转移资产到其他未参战国家，譬如转到美国的名下以保护不被接收，中国由于国力衰弱，对于英、日等国的障眼法只能视而不见无可奈何。但对德国与奥地利则相对严苛，一方面德、奥两国已经在欧洲战场焦头烂额，对于千里之外的远东根本无暇也无力顾及，而协约国对于任何能损伤同盟国力量的举动自也不会反对，甚至主动检举要求中国政府严查，中国政府也趁机捡得一些好处，但像德属青岛殖民地这种肥肉无论如何是轮不到中国而是由英国在幕后指使日本去攻占，中国只能接管在其他地区如长江内河中行驶的德、奥舰船。

这一次战利品共接收到 30 艘（含小轮、驳船等），其中属于军舰的只有后来命名为“利捷”号与“利绥”号的两艘内河炮艇（另有一艘自沉，一艘搁浅），拖船一艘命名“利通”号，其余有 10 艘为商船由北洋政府成立海军租船监督处经营出租业务，10 艘分别命名“华甲”至“华癸”号，其中有 5 艘曾转变为运输舰，分别改名为“普安”“华安”“定安”“靖安”与“克安”号。2 艘炮艇后派往东北有着戏剧化的一生，5 艘商船则全部变成运输舰，成为抗战前中国海军运输舰队的主力，其中有 1 艘一直服役到 1949 年。

由于参加第一次世界大战协约国阵营，在压抑多年后中国终于有了扬眉吐气的机会，但这个基础是很脆弱的，由于中国只派遣了 20 万华工到欧洲补充协约国的后勤人力，并未派部队实质参战，所以在巴黎和会中无法取得十足的战胜国地位，以致于许多权益被牺牲了，譬如收回青岛殖民地的问题，消息传回国内大学生的不满情绪造成“五四运动”的发生，成为中国近代思想上的启蒙运动。

德国虽然在中国经营青岛殖民地仅有短短的 14 年，但锐意市政建设，连看不见的地方譬如下水道也毫不马虎，展现德国人严谨的一面，德国产品也在中国留下质量良好的印象，像蒋介石就是德国军火的拥趸。第一次世界大战以后德国在华特权完全丧失，却透过军事顾问团与军火交易与中国关系之密切还超过英国，可见“炮舰外交”也有很多种方法。

德国原驻泊长江上游的“水獭”号（SMS Otter）与“祖国”号（SMS Vaterland）于 1914 年 8 月得知战争爆发，连忙下驶希望冲出长江，但在南京下关草鞋崖被中国军舰“联鲸”与“建安”号拦截并扣留。1917 年中国对德奥宣战，3 月 20 日将两艘军舰作为战利舰接收纳入中国海军舰队，“水獭”号改名“利捷”号，“祖国”号改名“利绥”号。

德国驻华浅水炮艇“青岛”号（SMS Tsingtau）早在 1914 年 8 月战争爆发时就被解除武装，扣留在广东珠江水域，艇员大部分抽调到“艾姆登”号（SMS Emden）巡洋舰上，剩下少数留守艇员仍利用艇上无线电经常发送情报，引起英国领事馆向中国政府多次抗议。1917 年中国对德国宣战，于 3 月 16 日派“永翔”号前来接收，因艇员不愿服从命令而在“永翔”号面前自沉。

奥匈帝国奥地利罗伊德公司（Austrian Lloyd）的商船“西里西亚”号（SS Silesia）因中国参战而被当敌产接收，改名为“华乙”号商船，图中显示造船厂工人正在船艏漆上”HWAH-YIH”（华乙）的新船名。该船后被海军征用为运输舰再改名为“华安”。

海参崴多国干预部队撤出后还有300多名日军驻守在庙街，1919年11月庙街遭到4000多个俄国无政府主义武装人员围攻，日军连同当地的日本移民共700多人被屠杀殆尽，这就是“庙街事件”。事件中暂泊庙街过冬的“江亨”号曾将一门机关炮借给武装部队，引起日本的抗议。

“庙街事件”（日本称“尼港事件”）过后，“江亨”号军舰被日本扣留调查借炮事件，但该门机关炮早已被投入江中灭迹，最后日方只好要求北京政府将“江亨”号舰长陈世英撤职永不录用，但不久陈世英改名陈季良复出，抗战初期任中国海军第一舰队司令，领导在长江的中国海军舰艇对抗日本的进攻。

停泊在圣彼得堡涅瓦河上的“阿芙乐尔”号穹甲巡洋舰（RU Aurora，也译作“曙光”号），1917 年 11 月 7 日被布尔什维克党策动向临时政府所在地的冬宫开炮，掀开了“十月革命”的序幕。

由于新成立的苏维埃政权打着反西方帝国主义的旗号，让孙中山看到了机会，提出了“联俄联共”的口号，国民党与共产党合作，在苏联武器、资金、顾问等大力支持下才得以展开北伐。

苏联军舰“沃罗夫斯基”号于 1924 年 10 月 8 日傍晚秘密抵达黄埔军校码头，与“永丰”号军舰互鸣礼炮致敬，并在次日卸下包括 8000 支步枪以及大批机枪、火炮、弹药与资金。这些军火立即在两天后爆发的广州商团叛变事件中发挥作用。若非“沃罗夫斯基”号及时到来，黄埔军校恐怕早已夭折，中国的近代史也必将改写。

孙中山鉴于历次革命失败都因为没有自己的军队，于是在广州黄埔创办陆军军官学校，也就是“黄埔军校”。军校初成立时仅有 30 多支老旧步枪，当时广州的军阀与商团根本不把他们放在眼里。此时的孙中山处于最低潮，已经不可能从英、美或日本得到援助，唯一的可能来源就是苏联。孙中山于是提出“联俄联共”政策，于 1924 年 1 月国民党在广州举行的第一次全国代表大会中确定。1924 年 10 月 8 日苏联军舰“沃罗夫斯基”号从波罗的海绕过大半个地球秘密驶抵黄埔军校码头，卸下 8000 支步枪、100 挺机枪、2000 万发子弹、24 门山炮、50 门掷弹筒，以及价值 10 万卢布的黄金，随之而来的还有多名顾问，后来蒋介石就是靠这些苏联提供的资源为基础进行北伐。

苏联不仅带来足以与其他军阀部队抗衡的轻重武器、更专业的军事顾问、稳定军政府财政的充沛资金，更重要的是带来红军的思想教育与党代表制度，使得国民革命军成为一支与其他军阀截然不同的部队。当时北洋政府称这批来自广州的国民革命军为“赤匪”，上海的西方人称蒋介石为“红色将军”。北伐军势如破竹不是因为军事优势，而是部队还没到达之前就已经鼓动学生发起反军阀与反西方帝国主义运动，这就是 1926 到 1927 年中国各地爆发排外风潮的原因。

但是蒋介石在 1927 年 4 月进入上海时转而投向西方与江浙财阀阵营，在“四一二”政变中大肆屠杀协助解放上海的工人纠察队，造成国共决裂，北伐也因而暂时停顿。

中国与苏联的舰艇不但曾爆发过海战，装备弱势的中方还以出其不意的手段重创了苏军。

1929 年中苏因东清铁路之争在黑龙江、松花江与同江的交汇处爆发战斗，即所谓的“三江口”之役。东北海军的领头人物沈鸿烈以暗藏在河边芦苇丛中的“东乙”驳船上装设两门 120 毫米炮出其不意第一炮就击中苏联黑龙江舰队旗舰“雪尔诺夫”号的舰桥，当场造成苏军司令勃司脱屈阔夫及参谋、舰长等共 70 余人的伤亡，另有 4 艘苏舰起火，苏联舰队连忙撤退。

有趣的是“雪尔诺夫”号的同级舰有一艘叫“孙逸仙”号的军舰也参加了这次战斗。

沈鸿烈虽然在三江口之役出奇兵造成苏联黑龙江舰队的重大损伤，但毕竟总体实力相差太远，当苏联从被偷袭的混乱中回过神时，就是东北舰队被歼灭的时刻。“利捷”号锅炉中弹当场沉没，“利绥”号重伤上驶富锦躲避，到了10月下旬苏军飞机来袭，剩余各舰包括“利绥”号都被击沉。

1929 年中苏因中东铁路（苏联称“东清铁路”）之争在黑龙江、松花江与同江的交汇处爆发战斗，即所谓的“三江口”之役，沈鸿烈以兼任东北航务局董事长身份征调该局所有的“东乙”号驳船来充当火炮平台。由于苏联黑龙江舰队的浅水重炮舰仗着火炮射程优势，每次都是开到江心下锚开炮，吃定东北海军舰艇上的小炮射程不够，根本不担心会被还击，因此放心大胆下锚固定船位以保证远距射击的准确度。

沈鸿烈看出苏军战舰的规律，秘密在“东乙”驳船装上 2 门由日本方面借调而来的日制 120 毫米炮及其他副炮，事先隐藏在同江与松花江交汇转角浅滩芦苇中并以伪装网覆盖，沈鸿烈派海校的炮术教官张楚才根据现场精细测量，务求不经校正射击第一发就必须命中，以达到奇袭的效果。

在潜伏一段时日后，10 月 12 日苏联舰队出动，当其下锚准备发炮时，“东乙”驳船出奇不意第一炮就击中旗舰“雪尔诺夫”号的舰桥，当场造成苏军司令勃司脱屈阔夫及参谋、舰长等共 70 余人的伤亡，另有 4 艘苏舰也被击中起火，苏联舰队连忙撤退。后来驳船位置被苏军飞机发现，虽然“东乙”号驳船因船体低矮又有掩蔽，暂时躲过攻击，但负责拖曳“东乙”号驳船的“江安”号被苏联飞机击中锅炉爆炸断成两截，“东乙”号驳船已经无法移动，火炮也都被苏军飞机击毁，只好自沉。

东北舰队其他舰艇连忙往上游富锦方向驶去，苏军由于时近封冻期不敢跟进。到了 10 月下旬苏联飞机大举来袭，东北舰队残存舰艇全部被击沉。

中东铁路事件是张学良的冒进，不自量力想要收回铁路路权引发的战争，结果遭到全面失败，但张学良与沈鸿烈等六名东北军将领却因此役成为第一批青天白日勋章的得主。

萬

1926 年在四川万县发生太古公司的轮船“万通”号（SS Wantung）、“万县”号（SS Wanhsien）被四川军阀杨森扣留事件。为了夺回两轮，9 月 5 日 13 时，由英国海军人员驾驶原怡和洋行轮船“嘉和”号（SS Kiawo）改装的武装商船驶抵万县，与英舰“威警”号（HMS Widgeon）、“柯克捷夫”号（HMS Cockchafer）会合向被扣的“万县”轮夹靠。17 时“嘉和”轮上 20 余名英国水兵开枪击毙“万县”轮上守船士兵 2 人并跳帮砍缆，守船的杨森部队还击迫使英兵退回。18 时英兵另外登上“万通”轮又遭川军猛烈还击，英军指挥官达尔利中校当场被击毙，19 时“嘉和”轮无功而返，是役英军死伤 21 人，川军死亡 20 余人。

1926 年 9 月 5 日，由原英商怡和洋行轮船改装为武装商船的“嘉和”轮率同英国皇家海军“威警”号与“柯克捷夫”号炮舰开近万县江边开炮轰击市区近 3 个小时，发射炮弹和燃烧弹总共 300 余发，万县中国军民死伤数以千计，其中平民死亡 604 人，伤 398 人，民房商店被毁千余家，中方称之为“万县惨案”。

1926 年 8 月 29 日，英商太古洋行的“万流”号轮船（SS Wanliu）在四川云阳江面高速行驶时掀起大浪翻沉中国木船 3 艘，淹死船上驻万县杨森部队的连长 1 人、排长 1 人、士兵 56 人，损失枪支 56 支、子弹 5500 发及饷银 8.5 万元。当天杨森派轮船检查长率兵 8 人赴“万流”轮调查事件经过时又遭附近的英国浅水炮舰“柯克捷夫”号（HMS Cockchafer）攻击造成数人重伤。因此 8 月 30 日当太古公司的“万通”“万县”两艘轮船由重庆驶抵万县停靠时被就被杨森派兵扣留。9 月 4 日英国领事发出通牒限 24 小时内放行两轮，这是“万县事件”发生的背景。

9 月 5 日由英国海军人员驾驶原怡和洋行轮船“嘉和”号改装的武装商船率同“威警”号、“柯克捷夫”号两艘浅水炮舰向被扣的“万县”轮靠拢，英国水兵开枪打死“万县”轮上守船士兵 2 人并跳帮砍缆，守船的杨森部队还击迫使英兵退回，英军转而登上“万通”轮又遭川军猛烈还击，英军指挥官达尔利中校当场被击毙。

英军死伤 21 人无功而返，恼羞成怒，“嘉和”轮率同“威警”号和“柯克捷夫”号开近万县江边开炮轰击市区近 3 个小时，发射炮弹和燃烧弹总共 300 余发，万县中国军民死伤数以千计，其中平民死亡 604 人，伤 398 人，民房商店被毁千余家，中方称之为“万县惨案”。事后经过北洋政府的外交折冲，杨森不得不于 9 月 23 日下令释放“万通”“万县”号两艘轮船。

“万县事件”表面看是内河航行引起的偶发事件，但其实与当时全国各地风起云涌的反西方帝国主义运动是有密切关系的。来自广州由苏联支持的国民革命军鼓动各地的反帝运动来配合军事行动，当“万县事件”爆发后更是火上浇油。1926 年 1 月 5 日汉口民众 20 多万人攻入英国租界，英国侨民全部搭乘军舰离开。2 月 19 日武汉国民政府的外交部长陈友仁与英国公使签订《收回汉口英租界协定》，汉口成为全国第一个被收回的租界。

343

1927 年 3 月 24 日上午，进入南京的国民革命军第二、第六军劫掠南京城内和下关的外国领事馆、教堂、学校、商社、医院、外侨住宅，乱兵枪杀了金陵大学副校长美国人文怀恩博士（Dr. J. E. Williams）和震旦大学预科的意大利籍校长，英国驻南京领事哈伯特 · 格莱斯（Herbert A. Giles）也受到枪伤。应被围困的美国领事的要求，停泊在长江上的英、美军舰自下午 3 时起开始炮轰南京城持续约一小时，抢劫风潮才逐渐被压制。

日本也派出数艘驱逐舰，但却在一旁做壁上观，原来日本这时已在观察蒋介石是否能够领导一个足以成为日本与苏联之间缓冲地带的中国政权，因此要给蒋介石留一点回旋空间，这个判断后来被证明是正确的。军事行动要服从外交大战略指导，这就是一个很好的例子，但后来军部独大，日本的战略就愈显低能，只剩下蛮干与玉碎了。

1927 年 3 月 24 日，国民革命军进入南京城后对西方人的使领馆、产业、学校、教堂大肆劫掠，应被围困的美国领事要求，停泊在长江上的英、美军舰自当天下午 3 时起开始炮轰南京城持续约一小时，抢劫风潮才逐渐被压制。

“炮击南京事件”是北伐战争中的关键事件，因为这是从广州来的国民革命军第一次与西方列强交手，但过去的国民党历史从来不提这件事情。在这次事件中，外国侨民死亡人数：英国 2 人，美、法、日、意各 1 人，另舰上水兵 1 人；受伤人数：美国 3 人，英、日各 2 人。中方死亡约 40 人，伤数十人。事后南京政府与各国交涉，在 1928 年陆续达成和解，中方道歉并付出大笔赔款。但也不是全无收获，透过与各国的交涉，让新成立的南京政权获得列强承认与建立了外交沟通渠道，这些是花钱都买不到的。

国民革命军在南京事件中的行动让蒋介石重新思考与西方国家的关系，因为与西方决裂将使得中国不得不完全倒向苏联，这正是苏联顾问的企图，而对于国民革命军中党代表的行动完全不能控制也让蒋介石心生警觉，南京事件成为一个重要的转折点。到了 1927 年 4 月 12 日国民革命军进入上海，蒋介石即对上海工人纠察队展开清洗，同时发动清党驱逐苏联顾问与共产党员，国共从此决裂，蒋介石也从“红色将军”转而投向西方国家的怀抱。这就是宋庆龄后来批评蒋介石“背叛总理、背叛革命”并与蒋介石一直对立的关键。

其实列强也在南京事件中观察蒋介石，譬如日本就因为支持蒋介石而置身事外，因为日本最大的敌人是苏联而非中国，需要强而有力的中国领导人率领一个不太衰弱的中国替日本挡住共产主义势力，因此蒋介石在 1927 年的改变颜色实在是有诸多客观因素在导引，当然他在这一年娶了美国背景深厚的宋美龄应该也发挥了相当的作用。

最有趣的是苏联虽然在“四一二政变”中吃了大亏，但斯大林却与日本抱持类似的想法，需要一个统一而有能力的中国替他抵挡日本，以免同时遭受东西两方的夹击，那个人显然是蒋介石而不是武汉政权的汪精卫或其他力量的领导人。这个思维反映在后来西安事变以及抗战初期斯大林对蒋介石的支持，并非是对蒋介石的厚爱，纯粹是斯大林将国家利益置于意识形态之上的现实考虑。

“一·二八事变”之前日本派驻上海的“遣支舰队”旗舰是“大井”号轻巡洋舰，事变之后“第三舰队”开抵上海增援，由舰队司令野村吉三郎中将统一指挥，“第三舰队”从此常驻上海直到“八一三事变”爆发。在“一·二八事变”中日本出动军舰、飞机、装甲车与陆战队进行了一场现代化的立体作战。

1932年1月28日发生在上海的“一·二八事变”，日本称“第一次上海事变”，起因是川岛芳子鼓动日莲宗僧人挑衅华籍工人被殴而引发中国军队与日本海军陆战队之间的战斗。由于日军并未打算在上海全面开战，中国军队则因蒋介石正处于下野时期，加上主力都在剿共前线，双方形成拉锯，但战事造成长江通航中断，影响列强在华中的商业利益，最后由各国出面调停，为防再度发生事端，在《淞沪停战协议》中要求宣布上海市为非武装区，除保安团外不得驻军。

由于在上海发生大规模战事必将触及列强的利益，对日本不利，所以这从来不是日本的主要选项。但下级军官急于立功，所以就擦枪走火，列强出面调停正好有台阶下，战事就此打住。但蒋介石却看出在上海发起战事对国军有利，一方面列强会出面干预，一方面媒体聚集关注容易引起国际同情，而且此地区战事不利于日军机械化部队与海空军优势的施展，所以在5年后的第二次淞沪事变就是由中国主动发起，脚本与演员都与第一次淞沪事变相同，但结果不如蒋介石预期。

在“一·二八事变”中国军队以19世纪的战法对抗经历第一次世界大战现代化洗礼的日军，双方实力落差很大，造成了中国军队的重大伤亡。事变之后蒋介石引进德国顾问，采购德国军械，依照德军的组织与教范建立德国式的步兵师，同时在上海到南京之间投下巨资建立要塞化的国防线，由此看出蒋介石早就决定以上海为下一次战役的主战场。但中国军队实力不济，指挥官无能，空有战略思想却无力执行，最后沪宁防线全面崩溃，但日军也被初期的战果迷惑，改变了由北往南的有利轴线成为由东往西的仰攻，使中国得到了撤退入川的战略纵深。

当中日双方在上海打得火热时，陈绍宽率领的中国海军驻沪舰艇不发一弹，对友军的支援要求毫不理会，日军也不对其发动攻击，双方似有默契，甚至在厦门还与日本海军进行友好互访拜会活动，情况类似1900年八国联军时期的“东南自保运动”。海军的诡异态度引起社会议论，以至于监察院展开“民国二十二年海军弹劾案”的调查。

参战的第十九路军由蔡廷楷率领以广东部队为主，“一·二八事变”之后被调往福建“剿共”，1933年因发动“福建事变”失败而被解散。

“一·二八事变”之后，蒋介石引进德国顾问，采购德国军械，依照德军的组织与教范建立德国式的步兵师，从第 87、88、36 师开始，计划第一期整编 10 个师，到第三期总共整编 30 个师。这个计划由于中日全面战争在 1937 年爆发及德日组成轴心同盟而未能完成。

蒋介石所谓的“德械师”，头戴德制 M35 钢盔，持德制毛瑟步枪或国造中正式步枪、捷克 ZB26 式轻机枪，炮兵还装备德制 75 毫米克虏伯野炮以及 88 毫米高射炮，甚至是 150 毫米重炮及坦克，与传统中国军队的形象完全不同。因财力及时间的限制，只建立了三个师，而且在 1937 年的淞沪战役中全部损失，对后来的持续抗战作用不大。德国虽然在第一次世界大战后丧失在华的所有特权，但是通过军事顾问与军工产业，加上中国人对德国产品质量的信赖偏好，还是对中国产生了巨大的影响力。

1932 年的上海“一·二八事变”后，配合《淞沪停战协议》的规定，日本海军将分散的各陆战队兵力重新编组成立独立的“上海海军特别陆战队”，员额包含军官 59 名，特务士官、准士官 54 名，下士官与兵 1867 名。淞沪会战时再由舰队陆战队增援 400 名，另外还有汉口特别陆战队 200 名与由舰队陆战队增援 100 名，总兵力达到 2400 名。1937 年时的司令是大河内传七少将。

日本特别陆战队位于上海北四川路，盖得像座巨大的碉堡一样的司令部于 1929 年竣工，在两次淞沪事变中都成为中国军队进攻的主要目标。这幢建筑今日还存在，地址为虹口区东江湾路 1 号。

日本上海海军特别陆战队的挑衅是抗日战争全面爆发的导火索，最后演变成百万兵力级的大会战，让日本卷入其始料未及的全面战争。

日本上海特别陆战队司令部位于北四川路，是一幢像碉堡一样巨大厚实的钢筋混泥土四层楼建筑。在司令部一楼的车库中有 4 辆小型坦克、7 辆英国制的维克斯装甲汽车，9 辆带挎斗的摩托车。另外有一个炮兵大队装备 150 毫米榴弹炮 4 门、120 毫米榴弹炮 4 门、山炮 12 门，及速射炮、高射炮、迫击炮等多门火炮，火力与机械化程度远超过一般的日本陆军部队，成为“炮舰外交”政策除了军舰之外最有力的执行者。

日本海军陆战队在两次淞沪事变中都是穿着海蓝色水兵服，打白色帆布绑腿上阵，虽颇有古典之风，但完全不适合现代的战场环境。日本海军在当时对于陆战队的战术运用仍停留在早年英国海军随船小部队登陆的观念，即使上海特别陆战队以日军标准已经算是武装到牙齿，但相较于第二次世界大战美军陆战队在太平洋跳岛作战，整合飞机、坦克、两栖车辆，军师级规模的专业两栖登陆部队完全不是同一个层次。日本当需要大规模跨海攻击时，仍沿用军租商船搭载陆军部队的传统方式，在淞沪会战中对付像中国这种落后的国家尚可，到了太平洋战争时已经完全落伍。

中日抗战的全面爆发与“上海海军特别陆战队”直接有关。根据 1932 年上海“一・二八事变”结束后签订的《淞沪停战协议》，中国军队退出上海市区改由保安团进驻，但在 1937 年蒋介石暗中派出第 2 师一个旅换穿保安团的制服混入上海市区为内应，准备有所行动，特别陆战队得知情报后派中队长大山勇夫中尉前往调查，结果在虹桥机场门口被卫兵阻挡，闯关不成连同座车驾驶兵一同被卫兵击毙，全面冲突从此开始。

蒋介石投入最精锐的三个德械师第 88、87、36 师主攻，再加上坦克、炮兵、工兵以及空军飞机的配合，意图以优势兵力在西方人面前一口吃掉日本上海特别陆战队，以争取国际宣传，不料事与愿违，特别陆战队在黄浦江上日本军舰舰炮的支持下顽强抵抗，让双方逐渐增兵演变成百万人级的大会战。在混乱的撤退中蒋介石多年累积的实力耗尽，使得首都南京的国防线崩溃，也让中国军队在抗战开始的头几年都难有作为。

八百壮士死守四行仓库在抗战初期广为人知，但“八百”实际是个虚数。蒋介石在淞沪战役撤退时曾下令留88师在上海打游击，部属认为一个师在上海根本无法隐藏也无法补给。几经讨价还价，蒋终于答应减为一个团，事实上最后连一个团都没有而是一个加强营由团附谢晋元率领，人数也没有宣称的八百人而是414人。

四行仓库的建筑坚固，地理位置前临苏州河与公共租界紧邻，邻近还有大型煤气罐，一旦爆炸后果不堪设想，这让日军在进攻时投鼠忌器，的确是易守难攻之地。因为在中国军队主力撤退后单独留守四行仓库对整体战局意义不大，所以从10月26日至11月1日守了5天后，经协调依国际法解除武装借道通过公共租界，但当时租界四周已被日军包围成为孤岛，孤军无法离境，被暂时安置在意大利兵营，直到1941年底太平洋战争爆发日本进入租界接管。

1937 年 8 月 14 日，中国空军飞机在空袭日本旗舰“出云”号时，因计算错误，将两枚炸弹投掷于上海外滩的南京路沙逊大厦与汇中饭店之间，造成超过 400 人死伤，包括许多西方人。当天下午另有两架轰炸“出云”舰的中国空军飞机因炸弹架被击坏将炸弹落于大世界前聚集的人潮，造成一千多人伤亡。

蒋介石对于淞沪会战从来都是政治超过军事，是要在西方人的面前打一场宣传战。由于战场紧邻租界让西方人近距离感受，这远比发生在遥远的华北来得直接。另外上海媒体聚集，宣传效果巨大，容易引起国际同情。如果中国军队能旗开得胜，列强出面调停时中国就能取得有利的谈判高度，这就是蒋介石的如意算盘。

一如蒋介石所料，在淞沪会战时租界中的西方人真的是把这当成一场大秀，建筑高处都挤满了人用望远镜观战，媒体甚至接通了四行仓库中的电话与八百壮士连线实况转播，上海的战事迅速成为全世界关注的焦点，这正是蒋介石要的。杨惠敏送国旗也是剧目之一，后来杨惠敏还因此环游世界宣传演讲，被当时欧美各国政要领袖如希特勒等接见，成为一场绝佳的公关宣传战，

与许多人的认知不同，淞沪会战当时中日双方并未宣战，中国的考虑是一旦宣战与日本就成为平等的交战国，这对弱势方的中国不利，因为从此难以宣称日本是“侵略者”。对日本来说一旦宣战接踵而来的必然是国际禁运，这对资源缺乏的日本是无法接受的。所以尽管中日双方在上海进行百万人级的大会战，但双方始终未宣战，日本也一直透过德国公使寻求议和的台阶下，在蒋介石拒绝后还发表不以蒋为谈判对象转而寻求组织伪政权为对口。中国直到 1941 年底美国因珍珠港事变对日本宣战，第二次世界大战全面爆发后才正式对日本宣战。

在淞沪会战中，驻泊上海的日本海军第三舰队旗舰“出云”号是中国空军最关注的目标。1937 年 8 月 14 日中国空军飞机在空袭“出云”号时因计算错误，将两枚炸弹投掷于上海外滩的南京路沙逊大厦与汇中饭店之间，造成超过 400 人死伤，其中包括许多西方人。当天下午另有两架轰炸“出云”舰的中国空军飞机将炸弹落于大世界前聚集的人潮，又造成一千多人伤亡，中方宣称是因为炸弹架故障造成。这是抗战初期国际知名的重大惨案，但当时对内宣传这是残暴的日机滥炸租界，实际上日本也是公共租界的拥有者，炸租界等于炸自己。其实事件发生当时有许多目击者，责任立刻被租界调查清楚，中国政府也做出道歉、赔偿与惩处，但直到今天许多媒体仍是以讹传讹。

早在"帕奈号事件"之前的 1937 年 8 月 26 日，就已发生日本军机在沪宁国道攻击英国大使许阁森爵士（Hughe Knatchbull-Hugessen）的座车，大使重伤。由于在淞沪战役爆发后大使座车顶上就铺有大幅英国国旗以为标示，按理是不可能误击的，但传说蒋介石原计划与英国大使同车由南京赴上海视察战况，想利用这面旗子为掩护，不过蒋介石临时变卦没有搭乘，结果让许阁森成为牺牲品。问题是日军如何侦知蒋介石要搭乘英国大使车辆的？据说与泄露江阴封锁线机密的行政院秘书黄浚也有关。

“帕奈”号是1927年在上海江南造船所建造同批六艘能行驶长江上游的浅水炮舰之一。美国早年驻华的浅水炮舰许多是在菲律宾掳自西班牙的战利品，随着这些舰只的老旧与任务的需求才新造六艘替代，它们分别是：“图图伊拉”号（USS Tutuila）、“帕奈”号（USS Panay）、“瓦胡”号（USS Oahu）、“关岛”号（USS Guam）、“吕宋”号（USS Luzon）、“棉兰老”号（USS Mindanao），编号从“PR-3”到“PR-8”（“PR”代表内河巡逻炮艇），都是以美国殖民地岛屿来命名。

这批船只的排水量为350吨，长48.1米，宽8.3米，深1.6米。主机为2台950马力的三段膨胀蒸汽机，双轴推进，速率14.5节。装备2门76毫米炮、8挺7.7毫米机枪，乘员59人。其中“图图伊拉”号1942年3月在重庆移交给中国海军，改名“美原”号成为第一艘美援军舰。“关岛”号在1941年12月8日太平洋战争爆发时在上海被日军接收改名“多多良”号，1945年日本投降时被中国海军接收改名“太原”号。另外4搜全部在战争中损失。

“帕奈”号炮艇与英国大使座车的误击事件的原因至今仍是罗生门，按理中日正在进行大会战，双方都极力争取国际支持，英国当时仍是在华西方国家的老大哥，美国则掌握了日本急需的油铁资源，无论如何都是日本得罪不起的，就算要得罪也没有理由选在这个节骨眼上，所以十分令人不解。不过日本下级军人常有自作主张、抗命冒进的传统，所以也不排除是个人的因素，但这个不良“传统”让日本在战争期间战略日形低落，终致一败涂地。

1941 年 12 月 8 日，日本海军六艘航空母舰搭载 300 多架飞机偷袭珍珠港，造成美国海军太平洋舰队重大的损失。对于美国人这是国殇日，但消息传到重庆，中国人却放鞭炮庆祝，原来这让在重庆的中国政府看到了胜利曙光。根据第一次世界大战的经验，只要美国参战，对手就死定了，蒋介石不禁为自己站对了边而庆幸。

很多人事后诸葛，以为盟军能击败德意日轴心获得最终胜利是理所当然，但若身处在 1937 年却未必看得出来，因为美国当时并不想涉入亚洲的纷争，甚至还持续供应日本石油与废铁。如果这是显而易见的常识，就不会有汪精卫“曲线救国”的谬论出现了。

日本原来是想在攻击发起前一刻才将宣战书递交给美国以达成奇袭的效果，但过于复杂的安排让大使馆作业出现意外状况，最后还是坐实了偷袭的罪名。这就是日本人太过工于心计，但在大战略却往往低能的老毛病。

马来亚海战，由新加坡出发的英国“Z 舰队”主力，两艘英国战列舰“威尔斯亲王”号与“反击”号被日本轰炸机击沉，司令菲利浦斯海军上将阵亡，新加坡英军再无后援，只得向日军投降。据称中国最先截获两艘英舰被击沉的情报，由于日本参战的航空队之前曾在中国作战，中方监听单位早已熟悉其发报规律，由无线电信号的强度与方向判断是在马来亚附近海域，所以侦知其行动。

日本在偷袭珍珠港的同时发动对香港、菲律宾、马来亚的攻击，英、美、荷兵败如山倒，在极短的时间内丧失整个南亚与西太平洋的殖民地，百年的经营毁于一旦，日军飞机甚至已经开始轰炸澳大利亚的达尔文港。

我们常称日本“侵略”南洋，这是从西方国家的角度，南洋原住民的观点恐怕未必如此。为了减少阻力，日本进军南洋其实是打着“民族自决”的口号，宣称“亚洲人的亚洲”，扶植原住民驱逐西方殖民者，我们或称之为“傀儡政权”，但西方殖民时期原住民连傀儡政权的地位都不可得。对于原来处于社会底层，长期被西方人欺压的原住民一旦有机会翻身当家作主，自然备受鼓舞，这种情况在菲律宾、马来亚、印度尼西亚、缅甸都有。

这其中以华人最为尴尬，由于祖国正在进行抗日战争，许多华侨回国参战，在侨居地的华人社群也多持反日态度，成为被日本占领军与原住民整肃的对象，许多华人因此逃入丛林打游击，与英国合作共同打击日军，并且为此付出了惨重的代价。第二次世界大战后民族解放运动风起云涌，殖民地纷纷独立，西方人在退出时通常将政权交给原住民，许多根本就是当年与日本人合作的傀儡政权成员，譬如印度尼西亚的苏卡诺，这就导致与华人矛盾激化造成各地的排华风潮。有些游击队员被迫回到丛林，这时中华人民共和国已经成立，华人游击队被贴上共产党标签，英国介入残酷的丛林“剿共”战争多年，过去的盟友变成战场上的死敌，这其中看不到公平正义，只有西方殖民者的利益算计。

日本人在南亚的“民族自决”最后未能成功，主要是时间不够而且最终战败，让西方殖民者得以复辟；其次是日本很难摆平各国之间的矛盾，譬如在中南半岛最坚定的盟友泰国侵略了同属轴心国阵营的法属越南以及向马来亚要索领土，许多根本是各国之间的历史宿怨让日本这个调解人十分难做，但不调停又会后院失火，日本人没有英国人的政治智慧，往往顾此失彼甚至适得其反。当战争末期日军败象已露时，这些傀儡见风转舵又投向前西方殖民者的怀抱，最后在独立时获得政权，反倒是华人在战后剧烈的变革中找不到自己的定位，成为牺牲品。

1937 年中日战争全面爆发，日本占领上海周边的华界，让租界成为孤岛。在 1941 年太平洋战争爆发前夕，英、美两国早已把大部分军舰调往马尼拉与新加坡，上海仅各留有一艘内河炮舰驻守。

随着 1941 年 12 月 7 日日本偷袭珍珠港，太平洋战争爆发，日本军队进占上海公共租界，预告西方帝国主义“炮舰外交”时代的落幕。图为日军在上海公共租界游行示威，通过外滩的汇丰银行大厦（今浦东发展银行大厦）前。所有租界内原来过着优渥生活的洋人全部被关到集中营开始 3 年 9 个月的悲惨岁月，仅有法租界因为法国维希政府是轴心国的成员而暂时幸免。

太平洋战争爆发虽然是炮舰外交的黄昏，但却还没有落日。1945 年战争结束之后英、美两国卷土重来，争夺对中国的主导权，此时美国势力如日中天，惨胜的英国已经完全无法与之匹敌了。不过不到 4 年光景美国也全面退出中国，“炮舰外交”才真正落幕。

1941 年 12 月 8 日（亚洲时间）日军偷袭珍珠港，太平洋战争爆发，当日凌晨日军前来接收英国海军驻泊上海黄浦江中的浅水炮舰“北特烈”号（HMS Peterel），因新西兰籍的代理舰长拒绝移交，该舰当场被日舰发炮击沉。

同日清晨日军前来接收美国海军留守上海的最后一艘军舰“威克”号浅水炮舰。日本人顺利接收并将其改名为“多多良”号，编入日本海军服役。该舰在日本投降后移交给中国海军，改名“太原”号。

第二次世界大战爆发，停泊重庆江面的英、美、法等国浅水炮舰由于出海口被日军占领而陷入困境，既难补给亦无适当任务可派，尤其在人力极端缺乏的战时让大批有经验的水手在中国内陆无所事事至为不划算，而且在不平等条约废除后将来显然也用不上这些炮舰，英、美两国干脆做顺水人情将这批船舰送给了在重庆的中国政府。1942 年 3 月，英、美两国政府配合放弃不平等条约政策的宣布，英国移交“HMS Gannet”（改名“英山”）、“HMS Falcon”（改名“英德”）、“HMS Sandpipe”（改名“英豪”），美国移交“USS Tutuila”（改名“美原”）给重庆国民政府。在陈绍宽的海军总部迁往重庆山洞，无事可报几乎为人所忘的时候，英、美两国赠舰可算是海军的重大新闻。

在英、美四舰赠送的同时，重庆国民政府也想获得法国驻守在重庆的浅水炮舰“柏年”号，但因当时与中国有外交关系的是维希傀儡政权，所以不便提出。图为“柏年”号停泊在四川万县，舰艏可见汉字舰名“柏年”。这不是舰长自己的创意，而是法国驻华浅水炮舰队统一的规定。

基于中国已经加入英美的同盟国阵营共同对德意日轴心国作战，为了表示对盟友的亲善，英美两国于1942年3月主动宣布放弃一切在华的不平等条约。事实上当时长江中下游都已被日本人占领，一般所称“不平等条约”的租界、领事裁判权与内河航行权等都已无法实施，宣布废除也只是顺水人情，没有任何实质上的改变。有趣的是日本人为了与同盟国较劲，鼓动同为轴心国的法国维希政府也跟进宣布放弃上海法租界，将管辖权移交汪精卫的南京国民政府，改名为“第八区”，实际上仍是由日本人幕后主导。

配合不平等条约的废除，英美两国也宣布将停泊在长江上游的浅水炮舰赠送给中国海军，包括英国的“塘鹅”号（HMS Gannet）改名“英山”号，“猎鹰”号（HMS Falcon）改名“英德”号，“丘鹬”号（HMS Sandpipe）改名“英豪”号；美国的“图图伊拉”号（USS Tutuila）改名“美原”号。其中“图图伊拉”号后来被512号法案追认，成为第一艘美军援华舰艇。

其实当时法国也有一艘浅水炮舰“柏年”号（Balny）驻泊在重庆。由于在法国沦陷成立维希傀儡政权后的一段时间重庆国民政府尚与之维持有外交关系，即使在1941年底中国对轴心国宣战之后也未立即终止，所以本舰得以继续驻泊在大后方的重庆，但处境变得十分微妙。当1943年7月30日，法国维希政府将上海法租界交给汪精卫政权时，重庆政府才在8月1日与其断交。“柏年”号的问题直到1944年戴高乐将军解放巴黎，维希政权垮台，中国正式向法国解放委员会提议，才由法方于1944年9月28日同意将该舰赠予中国，命名为“法库”号。

这些浅水炮舰都是列强在华用于执行“炮舰外交”的工具，包括战后日本投降的浅水炮舰在移交给中国海军后组成“江防舰队”，这些浅水炮舰由于无法出海在1949年后全部留置大陆依旧以“江防舰队”的建制存在于人民海军，主要用于剿匪，类似水警的功能，但随着陆运交通工具的逐渐发达，内陆兵力调度还是以铁路公路较为直接快速，浅水炮舰的实用价值愈来愈低，到1960年代就全部除役成为历史了。

869

根据美国《战时援助盟国参战租借法案》提出的赠舰参战计划，美国决定援赠中国海军 2 艘护航驱逐舰（DE），分别命名为“太康”号、“太平”号；2 艘巡逻舰（PCE）与 4 艘扫雷舰（AM），分别命名为“永泰”号、“永兴”号、“永顺”号、“永胜”号、“永定”号和“永宁”号。

1945 年初，中国派出 70 名军官与 900 名士兵赴美国迈阿密受训。1946 年 1 月接收美援舰艇，同年 4 月启程回国，驻美海军副武官林遵中校担任回国时的指挥官。同年 7 月底抵达上海。伴随八舰回国的运油舰“莫米”号（USS Maumee）也一同留下，成为“峨眉”号。

八舰回国时船身涂装尚为“二战”型式并且舷号为美国海军编号，回国后因中国海军并无舷号的传统所以被涂掉，直到 1950 年来到中国台湾之后颁布舰艇编号规定，各舰才又出现舷号。

除了“美援八舰”，另一个主要美援舰艇的来源是在青岛的“中央海训团”，以美制登陆舰艇为训练平台，采用一对一的方式，训练完就原地组织成军。日后的“中”“美”“联”“合”字号舰艇都是在这儿移交的。由于美军官兵战后复员心切，所以过程不免心急求快而马虎。

根据美国国会于1946年7月16日通过的第512号法案，由美海军部拟订计划移交给中国的舰艇包括有护航驱逐舰2艘、扫雷舰24艘、驱潜舰28艘、登陆舰193艘、修理舰2艘、油船2艘、调查艇1艘、摩托炮艇6艘、浮筒6只与渡船6艘，总计271艘船，排水量约30万吨。依照512号法案，于1947年12月8日在南京所签署的《中美海军协定》援舰名单，中国海军接收美舰的第一艘应是早在战时于重庆援赠的浅水炮舰"图图伊拉"号，但一般人所熟知的第一批却为1945年派员赴美受训，在美国迈阿密接收的两艘护航驱逐舰与六艘扫雷舰,也就是所谓的"美援八舰"。其次是1946年起在青岛成立的中央海军训练团（CTNC）接收了28艘美国在远东的登陆舰艇，第三批是1948年派员赴菲律宾苏比克湾拖回美军废置的34艘军舰，加上其他零星的接收，至1948年底统计共有131艘，总价值约1.4亿美元。

相对于战前中国购置的英、德、日制舰艇，美制舰艇有以下几个特点：

统一规格大量制造，每一级都有很多艘，而不同级舰艇之间亦有许多彼此共通的零件与相同的武器，相较于从前五花八门的中国海军旧舰装备，在训练维修与库存方面自是方便不少。

由于美国海军要求远洋作战，所以其舰艇的适航性与乘员生活的舒适性都较比较好，相对于从前中国海军多是内河浅水舰艇更是不同，可说是靠着美制舰艇才能让中国由"河"军再变回成"海"军。

美制舰艇的性能未必十分出众，但物料品质较佳，安全标准较高，后勤支持较强，训练维修的管理亦比较有制度，加上战后美国势力如日中天，所以从此中国海军装备逐渐全盘"美"化，原先的英、日、德制舰艇就统统靠边站了。

不过美国战后援赠给中国海军的舰艇虽然数量庞大，却都是些小型舰艇，最大只有护航驱逐舰。因为美国对战后中国海军的定义是扮演类似水警的角色，所以护航驱逐舰就足够了，连驱逐舰都不给。至于援助登陆舰艇也只是充作战后复员的运输船而已，并非要帮中国建立两栖舰艇部队。其次当时中国的经济与技术能力根本不可能负担得起太大型、太复杂的军舰，人力缺乏也是个问题。战前的中国海军本来就很微弱，抗战期间更几乎等于已不存在了，现在突然要扩充，一时之间也找不到这么多合格的人手。

当八舰回国时桂永清曾向美国海军要求赠送更大型的军舰，美国海军的回答是："你要我们送你羊，但你们可能连拴羊的绳子都买不起呢！"可以说美国是以务实的态度来处理战后中国海军的重建，这与英国想要借援赠舰艇争取战后中国海军主导权的心态有很大的不同。

1947 年 3 月 19 日，刚自英国接收的“伏波”号由马尾驶往中国台湾，在澎湖外海的龟屿被招商局由厦门驶往上海的“海闽”轮自舰艉追撞，“伏波”号迅即下沉，全舰除轮机官焦德孝上尉一人获救外，舰长姜瑜以下 130 余人丧生，还包括 18 名海军军官学校在舰上见习的学员。

在海事法庭审理的时候，上海军区司令方莹少将突然对媒体痛批陆军出身的海军代理总司令桂永清外行领导内行，大搞派系斗争，撤换当初在英国接舰的闽籍舰长与半数官兵，让一船没有经验的新手出航终于酿成事故。

方莹是陈绍宽下台后闽系的护法，他在批完桂永清之后就打报告退伍，但还留在海军的马尾海校毕业的军官就遭殃了，恼羞成怒的桂永清从此开始不分青红皂白整肃所有闽系官兵，造成海军白色恐怖事件，也为 1949 年大批起义埋下伏笔。

“重庆”号巡洋舰原为英国皇家海军的功勋战舰“曙光”号（HMS Aurora），战后赠送中国，于 1948 年 8 月驶抵上海，随即转往南京，并向各界开放参观。

图为“重庆”号停泊在南京下关的江面，典型英国巡洋舰优雅的线条静静躺在如同山水画的背景前，构成一幅美丽的画面，但实际上当时舰上的人心已经十分浮动，如同随时可能爆发的火药库。

“重庆”号是当时中国最大、战力最强的一艘军舰，排水量达 5270 吨，主炮为六门 152 毫米炮，虽然在欧美日各强国的海军中算不得什么，但在中国已经是威力十足了，所以当 1949 年 2 月起义时引起极大的震撼，因为所有国民党海军舰艇都不敢撄其锋，全部龟缩在港内，对陆战已经不敌解放军的国民党军造成严重的后果。

“重庆”号与“灵甫”号在归国途中，进入英国在地中海最重要的海军基地马耳他整补并进行拜会活动。中国从清朝开始向英国订造军舰都是经过马耳他，然后通过苏伊士运河回国的，但在“重庆”号与“灵甫”号之后就成为绝响，因为美国将取代英国成为战后中国新建海军的主导者。

"重庆"号起义之后先抵达烟台，为躲避国民党空军的轰炸又转移到葫芦岛港内，进行伪装隐蔽。国民党空军发现后出动 7 架 B-24 重型轰炸机进驻青岛机场，自 3 月 17 日起每天进行轰炸，但都未能奏效。19 日加派 1 架 C-47，低空观察弹着点并通知 B-24 机群，直到第三架才有一弹命中舰艉，第四架一弹命中烟囱后部，在右舷炸出一个大洞，破坏了上层结构并引发大火。

英国想要与美国争取战后中国海军主导权，但家底不够厚又很小气，把原来援赠的“灵甫”号驱逐舰改为租借，又时时想借故收回。1949 年 4 月 21 日，“灵甫”号驶入香港海域，准备进入英国海军基地加油之后去海南岛进行训练，英国驱逐舰在后方紧紧跟随监视，最后“灵甫”号被英军以违反租约为由扣留收回。

从清朝到抗日战争前的70年间，英国是中国海军主要的舰艇装备供应国，而中国海军所有的观念技术也都师承自英国，尤其自称“中央海军”的闽系马尾海军学校。英国同时也是在华列强各国最有发言权的老大哥。然而第二次世界大战末期眼见美国以大批舰艇援助中国进而可能影响中国未来的政策，在想要保住战后英国在远东的利益与暗中和美国较劲的心态下，也主动提出要以舰艇来援助中国。

不过战后美国的国力是如日中天，英国却是经济凋敝，国力衰退已非昔比，加上想赌又舍不得下注的吝啬心理，援华舰艇之事就一波三折了。除了1942年3月在重庆移交的三艘浅水炮舰之外，本来在战争末期已答应赠送的巡洋舰一艘与护航驱逐舰一艘，战争才一结束就反悔了。首先英方希望将此两舰改为先租再购，中国当然反对。中国驻英大使郑天锡向英政府提出在日军侵入香港时英国曾带走原属中国的六艘缉私舰，今以各舰抵充并不为过，几经谈判，终于达成以赠送巡洋舰抵偿海关六舰，护航驱逐舰则仍为租借的协议。

不料“重庆”号于1949年起义，英方疑虑开始发酵，5月27日趁护航驱逐舰“灵甫”号停泊香港加油时扣留强行索还，接着取消原计划要援赠的两艘“T”级潜艇，所有中国接收潜舰的受训学员都遣散回国，加上先前在1947年3月刚接收不久的“伏波”号巡逻炮舰被撞沉，所有战后英国援舰就只剩下了8艘小型巡逻艇在服役，谈不上任何影响力了。

除了闽系，其他海军派系对英国人都一向没有好感，当国民党海军开始在公海执行封锁大陆港口的“关闭”任务时就经常刻意找英国商船的麻烦，甚至演变成四艘国民党海军军舰与四艘英国驱逐舰组成的护航舰队在长江口对峙僵持三天，险些酿成海战。接着英国承认了新成立的中华人民共和国，从此英国皇家海军对中国海军的影响力正式告终。

还未等到淮海战役结束，1948 年底上海就出现了逃难潮。只有少数非常有钱、有背景的人才能够跑到欧美，退而求其次的人是到香港，绝大部分的人能够跑到中国台湾就心满意足了。当时上海是全国最大的港口，要去台湾的人绝大部分都要从上海搭船，这使得沪台之间的船票水涨船高，用金条都还不一定买得到。然而台湾当局在 1949 年 2 月 10 日宣布了管制政策，没有入台证的人一概不许入境。

当买到船票又获得入台证的幸运者搭船离开上海，望着外滩壮丽的建筑愈来愈模糊时，没有人知道他们这一去要多久才能回来，有些人也许就再也没有机会回来。

大批来自大陆各省的难民涌入台湾，也改变了台湾的人口结构，他们大多是军公教与商人实业家，属于全国的精英阶层，在一段时间占据了台湾政治的上层，成为特殊分子。多省籍难民也带来各地的特色菜肴，让台湾成为全中国美食的汇集地。

美国驻华大使司徒雷登在国民党政府南迁广州时并未跟随迁往，反而留在南京意图与中共接触，探询与新政权建立关系的可能，但因一些根本上的分歧最后未能成功，到了 8 月美国国务院电召司徒雷登专机返美，并对其下达禁言令，从此双方走向对立直到 1979 年才恢复关系正常化。

美国最后一任驻华大使司徒雷登（John Leighton Stuart）出生在中国杭州，是传教士第二代，成长后自己也成为传教士，并曾担任燕京大学首任校长。第二次世界大战之后因为司徒雷登对中国长期的了解与深厚的高层人脉关系，由马歇尔推荐成为美国驻华大使。当1949年国共内战，国民党军兵败如山倒，解放军即将渡江进攻南京之际，李宗仁的政府搬迁到广州，各国使领馆包括苏联大使也都跟随迁往广州，但司徒雷登却独自留在南京等待解放军进城，意图非常明显，就是想要建立与新政权的关系。司徒雷登的想法不是没有道理，美国当时是世界第一强国，新政权一定急于获得美国的承认，而且司徒雷登还握有美援的筹码，更何况中共方面涉外人员大多是燕京大学的毕业生，也就是司徒雷登的学生，司徒雷登觉得由他担任新政权的第一任大使可能性是非常高的。

但是他忽略了一个根本的问题，毛泽东并不想继承国民党政府的外交关系。毛泽东曾说：“等我们把屋子打扫干净再请客。”也就是说新中国对原有在华使领馆的各国不是持续外交关系，而是重新建交。这是有原因的，因为国民党政府等于是接受了清朝遗留的所有不平等条约，毛泽东并不打算萧规曹随，决心推倒重来。司徒雷登想要谈外交关系面对的第一个难题就是，中共方面不承认这些外交人员的外交身份，只定义为“外侨”，也就是根本不具备谈判的资格。司徒雷登滞留在华期间，美国国内的政局也发生变化，麦卡锡主义兴起，国务院担心他与中共高层的接触会造成美国即将与北京建交的印象，种种限制让司徒雷登感到处处掣肘而一事无成，最后只好在国务院的安排下搭乘专机回国。司徒雷登回到美国后国务院即对他下达“禁言令”，不准他就中国问题发表演讲、接受媒体采访与出书。自诩是“一个中国人更多于是一个美国人”的司徒雷登于1962年9月19日在华盛顿病故，遗愿葬于中国。在事隔近半世纪后的2008年11月18日，他的骨灰被移放到杭州半山安贤园。

受到国共双方高层敬重的司徒雷登尚且如此，其他没有弄清楚这个原则的外交官员的下场可就更凄惨了。1948年11月，当解放军占领沈阳时，美国驻沈阳总领事华德（Augus I Ward）拒绝交出馆内电台而被以间谍罪名监禁到1949年11月审判后驱逐出境，被称为“华德事件”。这个案例很能够清楚说明新中国的外交基本原则，如果承认华德是总领事，进入视同美国领土的领事馆查扣电台自然触犯了国际外交大忌，但若不承认华德的外交身份只承认其是外侨，那么以无线电台对外联络就是间谍，在当时环境下很可能被枪决，这就是差别。

1949年4月20日，英国巡防舰“紫石英”号（HMS Amethyst）不顾即将渡江进攻南京的解放军禁令，强行驶入渡江封锁区，遭到解放军炮击，英舰也开炮还击，炮战中“紫石英”号重伤搁浅镇江江面，舰上死亡19人（包括舰长）、伤27人。接着英国皇家海军远东舰队旗舰“伦敦”号重巡洋舰（HMS London）率领“伴侣”号驱逐舰（HMS Consort）与“黑天鹅”号护航驱逐舰（HMS Black Swan）前来救援，又与解放军发生炮战，救援未能成功反造成各舰更大的伤亡。

最后“紫石英”号利用谈判过程在7月30日夜趁台风造成江水上涨逃逸出海。在“紫石英号事件”中英国海军共死亡45人、失踪1人、伤93人，是第二次世界大战之后英国海军最大的伤亡。

1949 年 4 月 22 日英国空军自香港调派一架“桑德兰”水上飞机搭载军医与医药用品降落在搁浅的“紫石英”号旁，由舢舨接运到舰上救助伤员，由于解放军随即开火，水上飞机只好赶紧飞离。

“紫石英”号是在 7 月 30 日夜晚利用台风造成江水上涨脱困逃离的，当时上海已经解放两个多月，很难想象“紫石英”号能通过江阴炮台、吴淞炮台完全不被拦截。而“紫石英”号在脱逃前，解放军甚至允许其到南京下关的前英国海军油库中提领 56 吨燃油。

所以有一种说法，当时中华人民共和国即将成立，需要世界主要国家予以承认，英国由于香港的关系是最有可能的，“紫石英”号闯入渡江封锁区是英国海军自己挑起的偶发事件，解放军不表态也不行，所以必须炮击，但又不能表得太过不利于中英建交，所以要适可而止。如果英舰自行逃跑，解放军装作没看到，这事就船过水无痕，对双方都有利，后来就是照这个脚本进行的。

“紫石英”号冲出长江口，大批英国军舰已经在那儿等候，护送它到香港整修之后返回英国。此时战后的英国还未恢复元气，需要一些振奋人心的消息，“紫石英”号的归来正是时候，透过媒体宣扬此时已经变成英雄，于是就有将“紫石英号事件”拍成电影的计划。片中的“紫石英”号就由本尊饰演，在拍片时使用炸药爆破以模拟遭到解放军炮击的效果，不料炸药使用量没有估算好，巨大的爆炸让“紫石英”号的龙骨受损，最后只好除役。

F627

1949年11月24日英国皇家海军远东舰队驱逐队由队长杰上校(Captain ADH Jay)率领包括旗舰“黑天鹅”号(HMS Black Swan)、“圣布莱兹湾”号(HMS St.Brides bay)、“卡迪根湾”号(HMS Gardigan bay)和“芒特湾”号(HMS Mounts bay)等四艘驱逐舰，共同护航由香港开往上海七艘分属英商怡和洋行与箕赐洋行的货船，在长江入口处遇上国民党海军第一舰队由司令刘广凯率领的“太康”“太平”“太和”与“永泰”号四艘军舰。双方对峙数天，其间美国“富兰克林”号(SS Sir John Franklin)商船想趁隙溜入长江，被国民党海军发炮击中。英国海军看到美国船的下场，知道国民党海军是玩真的，赶快鸣金收兵，各艘商船只好心不甘情不愿地调头回香港。

民生公司一艘原停泊于香港的“太湖”号轮船于 1950 年 6 月 21 日对外宣称开往韩国，离港时船长突然转向驶往中国，不料三副向国民党情报人员告密，一出港即在外伶仃洋海上被国民党海军“太仓”号军舰截获押回高雄港。“太湖”号后来被交给国民党海军成为弹药运输舰“南湖”号，编号 AKL-314。船长周曾贻被国民党政府判处十二年徒刑，刑满亦不得出境，直到 1988 年两岸开放后才经过香港回到上海，到家当天就去世了。

1949 年 6 月解放军已经攻占上海，阎锡山在广州组阁，国民党政府宣布关闭解放区领水及口岸，这是国民党“关闭”政策之始。但事实上早在内战开始后国民党就已经利用海军优势封锁解放区的港口与海岸，让解放军无法得到进口物资及利用海运调动军队。1949 年战局逆转后封锁的范围愈来愈大，几乎达到整个中国的海岸线，以国民党海军的兵力与装备自然无法达成这个任务，所以只能将重点集中在长江口，以封锁中国最大的港口上海为主。

在国民党政府的官方用语中，这不叫“封锁”（Blockade）而是叫作“关闭”（Closure）。之所以用这个奇怪的字眼那是因为蒋介石认为“封锁”指的是两国处于交战状态，而他绝对不愿与中共成为对等的“交战国”，若成为交战国就会面临各国的禁运，不利于获得武器装备。而且既然是国内事务，外国也就不能干涉，这就是蒋介石的逻辑。

封锁的方式由海军派舰艇在海上实施临检，对象为所有开往大陆口岸的中外船只，其中以来自香港的英国籍商船为主。如果被认为有“资共”之嫌，可能连船带货被没收，如果胆敢闯关逃逸，就会遭到炮击。此外由于临检方式如大海捞针效率太低，所以还兼实施布雷与空军轰炸。

一艘国民党海军的铁壳扫雷舰“永丰”号因此被改装为布雷舰，一次在汕头海湾的布雷任务中搁浅，前方是解放军控制的陆地，后面是自己刚刚布下的水雷，竟被困死在原地，幸好水雷有备炸的缓冲时间，“永丰”号赶紧利用这个短暂的空隙拼命摇摆倒车脱困，虚惊一场。

国民党海军在 1950 年代的“关闭行动”反过来限制了西方列强的航运自由，成为中国“炮舰外交”的谢幕曲。

1950 年 2 月 6 日，从定海起飞的 17 架 B-24 轰炸机对上海杨树浦发电厂进行了毁灭性大轰炸，造成上海全市停电、生产中断，被称为“二六大轰炸”。国民党军的轰炸最后因苏联空军米格战斗机于 1950 年 3 月进驻上海而停止。

国民党军对大陆执行“关闭”政策的手段不仅是海上封锁，还多次出动飞机轰炸沿海大城市的重要民生设施，包括上海、宁波、福州、厦门，甚至远到天津。1950 年 2 月 6 日从定海起飞的 B-24 轰炸机对上海杨树浦发电厂进行了毁灭性大轰炸，造成上海全市停电、生产中断，被称为“二六大轰炸”。当时上海杨树浦发电厂仍然是美国通用电气公司在经营，为此美国通用电气公司向美国政府施压抗议：“美援的轰炸机怎能用来轰炸美国人的产业？”

这听起来有点奇怪，很多人以为西方人在 1949 年之后就随国民党完全退出大陆，这不完全正确。首先西方人的产业在 1949 年之后还持续在中国一段时间，譬如当时西方在上海有许多产业包括写字楼、住宅、俱乐部、公司、工厂、教堂、学校等，有些存在已超过百年，经历了庚子事变、辛亥革命、1927 年排外运动、第二次世界大战都持续下来了，从西方人的角度考虑没有理由改变，尤其英国有香港因素，又与中华人民共和国有外交关系，所以根本没有打算离开，英国商船不顾国民党海军的封锁，也要进入上海港，英国甚至派出皇家海军的军舰护航就是证明。

其次与想象不同的是，西方人的退出并不是用暴力革命而是“用资本主义的手段对付资本主义”，譬如上海市政府大幅提高西方人产业的土地税，这是地方政府的权力没有讨论的余地。起初西方人都持观望态度，但随着时间拖延滞纳金累进，到最后就算卖了物业都还不够付罚款，这时上海市政府同意两相抵免，西方人就这么全部被扫地出门了。

等到改革开放后许多西方公司再度回到上海，发现当年抛弃的房产现在已经是天价，有些坚持买回当年的大楼譬如美商友邦人寿（AIA）于 1996 年以巨资买回原字林西报社所在的外滩 17 号，当年 AIA 创业的大楼，然因花钱太多导致当年 AIA 股价大跌。上海最具指标性的西方人物业当然是外滩 12 号的前汇丰银行大厦，现在由浦东发展银行使用。前几年汇丰银行将伦敦总部房产出售获得 60 亿英镑，当时就传言汇丰要买回外滩的大楼将总部重设在上海，不过这件事一直未获确认。

12

苏联油轮“陶普斯”号（Taupse）于1954年6月由中东运载航空汽油驶向天津港，23日经过台湾海峡时被国民党海军的“丹阳”号驱逐舰拦截押返高雄港。船上的航空汽油交给国民党空军使用，船只则于1955年10月20日被海军接收作为运油舰，改名“会稽”号，编号306。船上的船员39人中有29人被遣返，10人被留在台湾，其中一人上吊自杀，其余9人直到1988年才获释离开中国台湾。

“会稽”号是当时国民党海军排水量最大的一艘军舰。由于担心苏联潜艇的拦截或攻击，服役期间很少出海，只有沿着台湾海岸来回高雄与基隆之间运输空军用的航空汽油，在岛内的输油管完工后连这点功能都不再需要，所以在1965年除役。

1997 年 7 月 1 日香港回归移交典礼，英国代表查尔斯王储搭乘皇家游艇“不列颠尼亚”号（HMY Britannia）抵达香港，典礼完成后立即在添马舰总部与彭定康总督一家人搭乘该船离境，象征当年乘船而来，今日也要乘船离开，这是老牌海军强国的坚持，也为当年日不落帝国的风光留下一抹余晖。

其实这个年头已经很少人会搭船来进行国际外交之旅了，因为速度太慢、成本太高，事实上查尔斯王储是搭乘飞机到菲律宾换乘已在该地等候的“不列颠尼亚”号开来香港，离开也是搭船离港后回到菲律宾换乘飞机回英国，搭船纯粹是象征意义。皇家游艇“不列颠尼亚”号在执行这趟任务后就除役，因为英国皇室再也养不起这艘庞然巨物了。

日不落帝国“炮舰外交”的最后一场到此落幕，但新霸权仍在世界各地不断地上演“炮舰外交”的新戏码。

作者姚开阳

本书的文字与插画作者姚开阳家学渊源，祖辈在长江经营轮船公司，家族中很多亲友与诸多中国近代海军历史上的关键人物都有直接的关系。姚开阳本人致力于研究中国海军舰艇超过50年，曾赴英、美、法、日各国搜集相关史料，建立了全球规模最大的中国舰船照片数据库，同时在军事杂志撰写中国军舰史专栏多年，并经常在国内外的学术研讨会上发表论文及演说，是这个领域的重量级人物。

1996年，姚开阳汇集多年研究成果，创立“中国军舰博物馆”网站，成为中文网络博物馆的先驱，在当时也是全球规模最大的网络博物馆。它完全仿照真实的博物馆建置与经营，内容从清代开始直到现在，举凡海军、水警、海关、商船，甚至伪政权、地方势力、游击队等，无所不包，无论是史料的完整性，还是数据量，都无出其右者，从此开启研究中国军舰史的风潮。2010年更创立网络杂志《中国军舰史月刊》。

姚开阳本身还是实体博物馆的设计师。他曾担任2010年上海世博会中国国家馆的创意总监，也是中国馆中台湾馆的创意总监，设计出的全息动感《清明上河图》、720度全天域球幕与点天灯祈福等创新项目，在世博会上获得巨大成功，2012年更应邀以此为主题在美国博物馆协会的年会上发表演讲。

姚开阳同时也是中国科技馆4D电影院（北京）等多个国家级博物馆工程的设计师，并拥有多项展示形式与技术的专利。在海洋馆方面，他曾经担任中国航海博物馆（上海）、中国台湾海洋生物博物馆（屏东）古代海洋电子展示、阳明海洋文化艺术馆（基隆）、海洋探索馆（高雄）等的展示设计师。

不仅如此，姚开阳还亲自学习航海技术，获得机动船驾驶与海上通信救生、重型帆船初阶与进阶等证书。航海的专业训练与实际经验让他比一般纸上谈兵的文史研究者更能深入理解资料背后的意义，更能体会海洋文化的精神。

姚开阳还是个多领域的创作者，包括电影编导、小说文学、专栏评论、美术插画与音乐、表演艺术等多个方面，跨媒体的创作能力使得他无论在海洋博物馆、主题乐园还是电影领域都游刃有余。尤其是结合舰船知识与插画的能力，才能让这本图集得以以现在这样的方式问世。

姚开阳曾担任广告与3D/4D电影导演长达30多年，许多作品都与航海有关；也曾为多个博物馆与主题乐园设计监造虚拟体验潜水艇系统。他还对近代史特别有兴趣，其所创作的历史小说《中国珍珠》内容横跨整个20世纪，篇幅长达45万字，对于历史考证的细致程度，曾经让许多人误以为史实而成为论文、著作与媒体所引述的史料依据。

图书在版编目（CIP）数据

近现代中国与大航海时代 / 姚开阳著 . -- 上海：
上海社会科学院出版社，2019
（绘本中的炮舰外交）
ISBN 978-7-5520-2693-1
Ⅰ . ①近… Ⅱ . ①姚… Ⅲ . ①军用船—世界—图集
Ⅳ . ① E925.6-64

中国版本图书馆 CIP 数据核字（2019）第 024274 号

近现代中国与大航海时代

作　　者：姚开阳
插　　画：姚开阳
责任编辑：陈如江
封面设计：舒正序
出版发行：上海社会科学院出版社
上海市顺昌路 622 号　邮编 200025
电话总机 021-63315900　销售热线 021-53063735
http://www.sassp.org.cn　E-mail:sassp@sass.org.cn
印　　刷：上海普顺印刷包装有限公司
开　　本：890×1240 毫米　1/16
印　　张：12.5
字　　数：125 千字
版　　次：2019 年 4 月第 1 版　2019 年 4 月第 1 次印刷

ISBN 978-7-5520-2693-1/E·024　　定价：168.00 元

版权所有　翻印必究